여든 까지 이어질 내 아이 세 살 버릇
사칙연산 육아법

사칙연산 육아법

초판 1쇄 발행 | 2018년 8월 21일

지은이 | 김주령
펴낸이 | 공상숙
펴낸곳 | 마음세상

주 소 | 경기도 파주시 한빛로 70 515-501

출판등록 | 2011년 3월 7일 제406-2011-000024호

ISBN | 979-11-5636-275-3 (03590)

원고 투고 | maumsesang@nate.com

ⓒ김주령, 2018

* 값 13,300원

* 마음세상은 삶의 감동을 이끌어내는 진솔한 책을 발간하고 있습니다. 참신한 원고가 준비되셨다면 망설이지 마시고 연락주세요.

이 도서의 국립중앙도서관 출판예정도서목록(CIP)은 서지정보유통지원시스템 홈페이지(http://seoji.nl.go.kr)와 국가자료공동목록시스템(http://www.nl.go.kr/kolisnet)에서 이용하실 수 있습니다. (CIP제어번호 : CIP2018024172)

여든 까지 이어질 내 아이 세 살 버릇
사칙연산 육아법

김주령 지음

마음세상

들어가는 글

사무실 책상 오른쪽에 레고가 작은 빌딩처럼 쌓여있다. 레고 조각 앞뒤 면에는 작게 글이 적혀있다. 라벨기에서 뽑아낸 스티커를 붙였다. 고객 이름, 시간대, 시황방송, 매매 종목이 팥알 크기의 고딕체로 적었다. 전화를 완료한 고객 명단의 레고 조각은 서랍 속 지정 자리로 들어간다. 방문한 고객 B 명단이 적힌 레고 조각 빨간색은 시간을 맞춰 지정 자리로 들어간다. 오늘 시황방송 해당하는 녹색 레고 조각이 모니터 중앙 앞자리에 서 있다. 무선 마이크를 들고 프린트한 시황내용을 보고 방송을 한다. 레고 하나하나가 해결되면 하루가 작품이 된다. 퇴근 시간이 될 때쯤 한 개 두 개 조각들이 서랍으로 들어간다.

여태껏 많은 일정관리 도구를 사용했다. 프랭클린 플래너, 3P 바인더, 기자 수첩 등을 작성했었다. 쓰고 지우고 다시 작성한 후 내일 반복되는 것은 다시 적었다. 회사의 일상은 많은 부분이 반복이다. 같은 일상들을 매번 적는 시간이 소모될 수밖에 없다. 월요일은 A를 한 번은 해야 한다. 화요일에는 A를 안

해도 되고, 수요일은 A를 조금만 나눠서 해야 하며, 목요일에는 A를 거듭해야한다. 시간대마다 처리할 일들이 적혀있다. 다른 판의 레고 조각 하나하나를 옆에 끼워 넣고 다 해결되면 그 날의 일이 완료된다. 중심 판에 색깔로도 무엇을 해야 하는지 시각적으로 기억이 된다. 장소를 나눠두면 할 일을 놓치지 않고 할 수 있다. 입체적으로 자리를 잡고 있으니, 평면으로 적힌 메모를 찾지 않아도 커피 마시다가도 보고, 전화하면서도 눈에 밟힌다. 시대도 2D에서 3D가 걸맞지 않을까?

레고 블록은 반복되는 일상을 보조해 주었다. 규칙과 체계는 기존에 있던 것이다. 내 생각을 가미해서 레고 작품 같은 생산물을 만들어내는 일을 한다. 레고 특징상 당신의 직업이나 일상에 맞게 독특하게 만들 수도 있다. 같을 일을 해도 시간과 사건의 순서에 따라 약간씩 다른 일상을 보낸다. 당신의 일상도 그렇게 날마다 모습이 다르다. 일상은 타인과 다른 독특한 자신만의 것이 된다. 레고처럼 각각의 조각이 모듈이 된다. 모듈에 따라 당신의 공식을 만들어 추가하고 늘려가는 과정에서 독특한 생산물이 만들어진다. 당신의 생각으로 만들어지는 당신만의 인생을 살게 된다.

레고는 덴마크어이다. 단어의 뜻은 다양한 조각들을 자유자재로 짜 맞추는 방식의 장난감이다. 레고는 어떤 부분은 블록을 사용해 쌓아 올리고 높이를 맞추고, 빼고 하면서 원하는 모양을 만든다. 어느 부분은 적당한 색으로 강조하고 어떤 부분은 블록의 길이로 변화를 준다. 높이와 길이를 줄이고 더하면서 나만의 레고를 만든다. 내 생각을 표현하고, 더불어 나누고 합의를 끌어낸다. 아이에게 맞는 육아법을 레고처럼 넣고 빼고 나누고 거듭해서 쌓아가자.

프랑스 미래학자 자크 아탈리는 '레고 문명'이라는 개념을 도입했다. 서로 다른 레고 조각들을 모아 자신만의 세계를 만든다. 레고형 인간은 서로 다른 철학과 이데올로기, 문화, 정치, 체제, 예술, 종교를 본인에게 맞게 조립해서 독특한 생활양식을 만든다. '다양성과 관계성'을 핵심으로 21세기 인재를 정의했다. 가까운 미래는 다양한 욕구에 맞는 인재상이 필요하다. 관계를 맺지만, 관계 맺는 방식도 온라인, 오프라인 등으로 방식이 다르다. 생각과 생활방식이 다른 사람들과 만나게 될 수도 있다. 피부 팩도 부위마다 다르게 사용하라고 권하는 시대다. 3D 인쇄기로 소수 사람의 취향에 맞게 소량생산이 가능한 시대이다. 직업도 삶도 자신이 고른다. 머지않아 세상에 많은 사람이 직업을 만들고 스스로 고용하는 시대가 될 것이다. 직업도 스스로 디자인하여 취업하고 세계인이 고객이 된다.

기존 지식을 사용하고 정보를 활용하여 새로운 것을 만든다. 그 정보를 활용해서 짜 맞추고 창조해야 살아남을 수 있다. 제품을 만드는 것만 창의성이 필요로 하는 것이 아니라 삶 전체가 레고 블록 짜 맞추듯 대입이 필요하다. 문제를 덩어리째 보면 해결이 되지 않는 경우도 있다. 문제를 나누고 분류하고, 재결합하면 해결도 될 수 있다. 그것을 찾는 것이 인생을 살아가는 지혜이다.

현재 직업 중 절반이 20년 안에 사라진다는 보고가 있다. 빠르면 10년 안에도 30% 이상이 사라지고 새로 생길 것이다. 내 아이 적성을 고려해서 직업을 어릴 때부터 정한다 해도 그 직업이 아이가 성인이 되었을 때도 존재할까? 그렇다면, 부모의 몫은 어디까지인가? 부모가 해 줄 부분은 아이 스스로 직업을 찾을 수 있는 능력을 심어주는 것일 것이다. 직업도 아이 스스로 디자인해야 할 수도 있다. 원리를 깨닫고 대입해서 스스로 답을 만들어갈 수 있는 아이라면 장래 걱정은 줄어들지 않을까.

여기 현대인의 필수품 스마트폰이 있다. 스마트폰은 '앱' 기반 환경으로 이뤄져 있다. 10년 전만 해도 '앱'이란 말조차 생소했다. '앱'의 체계를 이해하고, 사람들이 필요로 하는 정보를 바탕으로 제작에 들어간다. 다양한 경우의 수를 이용해 모듈을 만들어 쌓아 올린다. 모듈에 대한 지식이 있고, 단계를 나눠서 최상의 '앱'을 만든다. '앱'을 만들 때 어떤 것은 더하고 무엇을 빼고 상이한 정보를 곱한다. 때에 따라 충돌하는 상이한 정보는 새로운 에너지가 되기도 한다. 사람들에게 정보를 나누면 여러 갈래로 변형되어 다른 세계가 연결된다. 평균 수명 50년일 때 평생 직업은 하나였다면, 수명이 연장되면서 3~5개 직업을 거친다. 부모는 그때마다 어떤 조언을 해줄 수 있을까? 직업에 맞게 자신이 맞춰나가고 만들어 가야 한다. 육아도 마찬가지이다. 부모가 아이에게 맞게 다양한 육아법 중 선택해야 한다. 당신이 만든 레고 작품처럼 아이에게 줄 수 있는 하나뿐인 육아법을 만들어보자. 더할 것과 곱할 것을 추가하고 뺄 것을 줄이거나 내려놓는다. 나눔으로 의미를 찾는다. 내가 가진 모듈과 너의 모듈이 합해지면 새로운 결과물이 나오기도 한다. 레고형 인재들이 모여서 최상급 모듈을 구성해서 앱을 만드는 것이 4차 혁명에 주된 모습이 아닐까.

들어가는 글 ⋯ 6

제1장 매순간 함께 하며 깨달은 육아

누구보다 소중한 내 아이 ⋯ 15
대한민국 엄마들은 어떻게 키우고 있는가 ⋯ 19
육아는 정답을 찾아가는 과정이다 ⋯ 26
정도 육아 ⋯ 33

제2장 덧셈 육아

생각하는 시간을 더하라 ⋯ 41
질문하고 답하는 시간을 더하라 ⋯ 47
자극을 주라 ⋯ 52
정신적 지지를 보태라 ⋯ 58
심심함을 더하라 ⋯ 63
책을 읽어라 ⋯ 69
감사 일지를 적어라 ⋯ 75
진심과 사실을 더하라 ⋯ 81
엄마의 힐링 타임을 가져라 ⋯ 86

제3장 뺄셈 육아

잔소리를 멈춰라 ⋯ 94
부모가 대신 해 주는 역할을 멈춰라 ⋯ 101
이기심과 배타심을 내려두라 ⋯ 108
심리적 안정을 위한 사교육을 그만두라 ⋯ 115

외적 보상을 경계하라 ··· 121

전자매체를 내려두라 ··· 126

지키지 못할 약속을 하지 마라 ··· 131

욕심을 줄여라 ··· 138

제4장 곱셈 육아

호응을 거듭하라 ··· 148

문제집 한 권보다 동기부여가 중요하다 ··· 153

문제해결능력을 키워라 ··· 159

자기 길을 찾도록 도와주라 ··· 165

실패경험을 거듭하도록 시간을 주자 ··· 170

선택경험을 곱하라 ··· 176

스킨십을 자주 하라 ··· 183

긍정 대화를 자주 하라 ··· 189

자연을 접하라 ··· 195

제5장 나눗셈 육아

감정을 나눠라 ··· 203

자신이 가진 것을 나눠라 ··· 210

단계를 나눠라 ··· 216

즐거움을 나눠라 ··· 222

시간을 나눠라 ··· 228

마치는 글 ··· 233

제1장
매순간 함께 하며 깨달은 육아

전업주부와 직장인 엄마 중 어떤 것을 선택하든 당신이 엄마 노릇 제대로 하고 있는지 스스로 의심하게 되는 순간이 있다. 발전을 위한 의심일 수도 있다. 우리 모두는 정답이 없는 육아 과정을 겪기 때문이 아닐까. 육아라는 것이 하나의 정답만 있는 것이 아니라서 더더욱 그렇다. 아이를 키우면서 미로에 빠진 듯 혼란스러운 경우가 한두 번이 아니다. 일하는 엄마는 일정에 쫓겨 아이에게 매정하다는 생각을 지울 수 없다. 아이와 집에 있는 엄마는 '나는 능력 미달인가?' 의심이 들고 열등감에 빠지기 쉽다. 부모가 되면 아이를 따로 분리해서 자신을 돌아보기가 힘들다.

더불어 우리나라에서 육아 경쟁은 가열되어 있다. 올림픽 경기에 버금간다. 올림픽 선수는 한 종목만 하면 되는데, 육아는 한 종목만 잘해서는 안 된다. 육아에 관련된 제반 활동들이 다 종목에 들어간다. 종목도 많은데, 종목이 시대 흐름에 따라 주기적으로 새로 만들어진다. 또 상대 선수도 누군지 확실하지도 않다. 육아는 엄마 자질 평가의 실험대이다. 사방에서 이런저런 정보가 들어오고, 동시에 엄마 자기 성취에 대한 압박도 들어온다. 신사임당도 지금 시대, 육아 경쟁 속에서 벗어나기 힘들지 않을까. 임신 전부터 몸을 만들고, 임신 중에는 좋다는 음식을 먹고 태아 두뇌 성장시키는 태교를 했다. 산후조리원에서는 키, 몸무게, 초유량 등으로 육아 능력평가가 시작된다. 모유를 공동 냉장고에 넣으면서 얼굴도 모르는 조리원 옆방 산모의 모유 양을 보면서 스스로 비교한다.

하나부터 열까지 눈에 보이지도 않고, 실체도 없는 이상적인 엄마와 비교한다. 엄마의 비교로만 끝나지 않는다. 아빠의 재력도 종종 시험대에 오른다. 아이 또한 실체도 없는 엄친아, 엄친딸과 비교당하기 시작한다. 아이를 둘러싼 환경도 비교 대상이다. 항간에는 조모, 조부의 경제력이나 관심도 아이 대학 진학에 영향을 미친다는 말도 있다.

외부에서 육아 방법을 찾기 시작하면 끝이 없는 경쟁으로 위축된다. 지금까지 자신이 잘하고 있던 것도 의심스럽다. 육아는 외부에서가 아닌 부모 자신부터 시작된다. 내 아이 사랑이 중심이 되어야 한다. 내 육아 강점에서 시작해서 스스로 더하고 빼고 곱하고 나누는 자기 방식과 원칙을 보완하면서 하나밖에 없는 맞춤식, 흔들리지 않는 내 아이를 위한 사칙연산 육아를 만들어보자.

누구보다 소중한 내 아이

환한 조명 아래에서 천장이 노랗게 보이기 시작했다. 아기 놓기 직전, 숨쉬기 힘들어지기 시작하니 내 목소리에 짜증이 가득하다. 무통 주사를 부탁하러 간 남편이 돌아와서 걱정스러운 목소리로 말을 한다.

"자기야, 간호사들이 다 옆방으로 뛰어들어갔어."

"나 너무 힘들다고!"

간호사 여럿이 뛰어들어가는지 발소리가 연속해서 들린다. 조금 지나자 의료진 중 한 명인지, 남자 목소리가 들리고 또 한 차례 구둣발 소리가 났다.

"어머니! 어머니! 정신 차려요."

뺨 때리는 소리가 났다. 웅성웅성 소리가 들린다. 바로 옆방인 내 분만실에 정적이 흐른다. 나는 고통스러워서 정신이 혼미했는데, 내가 뺨을 맞은 듯 정신이 뚜렷해졌다. 혼란스러운 마음에 생각이 꼬리를 물었다. '내가 죽을 수도 있는 건가?' 옆방 산모는 아이를 낳고 빈혈로 정신을 잃었다. 위험한 상황까지 갔으나 다행히도 생명에는 지장이 없었다. 옆 산모처럼 나도 내 목숨을 담보로 생명이 태어난 것이다. 내 죽음의 문턱에서 아이를 받아서 오는 것이다. 누구나 예외는 없다. 새로운 생명은 그렇게 내 생명을 담보로 오는 것이다.

아이가 세상에 태어나고 얼마 동안 존재가 확실히 느껴지지 않았다. 아이 존재는 내 무의식 속에 없었다. 현실에만 아이가 있었다. 현실의 아이는 왠지 낯설다. 내 젖을 빨고 있는 저 아이는 누구지 한참 바라보았다. '넌, 누구냐?' 자다 일어나면, '옆에 있는 아기는 누구지? 왜 이 아기는 여기 있지?' 생각했다. 아이가 꿈속에도 나타나기 시작한 건 태어나고 6개월이 지난 후였다. 그때부터 아이에 대한 각별한 마음이 싹트기 시작했다. 내 목숨을 담보로 태어났지만, 아이가 태어나고 6개월 동안 내 의식은 아이를 받아들이지 않았다. 함께 숨 쉬고 생활이 계속되면서 아이 존재를 받아들였다. 비슷한 시기에 아이를 낳아 키우는 친구도 1년 정도 지나서야 이젠 아이 목숨과 내 목숨을 두고 저울질하면 같거나 아이에게 더 쏠린다고 했다.

만약의 경우 아이를 위해 목숨을 버릴 수 있다는 것은 어느덧 나에게도 해당했다. 내 자식을 향한 사랑은 무의식 영역인 꿈에 나타나기 시작한 그 시기쯤부터였다. 불면 날아갈까, 아이는 눈에 넣어도 아프지 않을 것 같다. 아이의 웃음은 하루 고생을 다 녹여버렸다. 아이가 뒤집기를 하면 세상 전체가 다시 재구성되었다. 행복은 아이를 중심으로 들어오고 나갔다. 엄마라고 말을 해주는 아이는 매일매일 내 삶을 축제로 만들어주었다.

어릴 때부터 나는 속도를 즐기는 것을 좋아했다. 보드를 타고 내려가다가 사고로 앞니 4개를 다 날려 먹었다. 총을 쏘거나 차를 몰아도 속도를 즐겼다. 차를 타도 늦게 달리는 앞차를 원망하면서 앞으로 내 달렸다. 요가나 명상 같은 차분한 운동은 눈에 들어오지도 않았다.

아이가 태어나면서 결혼 전 좋아하던 '익스트림 스포츠'는 뒤로 밀린다. 스키나 스노보드, 웨이크 보드도 아이를 돌보면서 일정 기간 하지 않았다. 안전운전 제일로 운전습관도 바뀐다. 아이가 타고 있으면 더욱더 그렇고, 내가 혼자 차를 운전하더라도 속도는 줄었다. 아이를 돌보아야 하는 소명의식에 불탔다. 모든 초점은 아이에게로 맞춰진다.

대부분 시간이 아이를 돌보는 소명의식에 가득했다. 가족 구성원들 역시 초점은 아이에게로 맞춰진다. 한 번씩 떠오르는 생각이 있었다. 만일 내가 죽는다면, 사랑하는 배우자의 걱정보다 커나가는 아직 어린아이의 미래가 걱정되었다. 내가 없다면 아이가 다른 사람 손에서 미운 오리 새끼처럼 취급받지 않을까? 나의 형제들에게 키워지더라도 내 형제들이 아이를 푸대접하지 않을까? 남겨진 아이 걱정으로 맘대로 죽을 수도 없게 된다. 아이가 태어나면 많은 부모는 자기 형제, 자매들에게 말을 한다. '혹시 내가 어떻게 되면, 우리 애 좀 잘 부탁해.' '보험 들어났으니, 그걸로 아이 잘 챙겨줘.' '무슨 일 있으면, 아이 좀 부탁해도 되겠니? 다른 가족들에게 이야기를 이런 식으로 진지하게 해 두곤 한다.

어느 날, 내 인생 중심인 아이가 사라졌다. 그늘 하나 없는 모래밭에서 땀을 흘리면서 화장실을 들어가 찾는다. 화장실 칸막이 하나하나를 열었다. 거기에도 아이는 없다. 마음속으로 신에게 협상하기도 한다. '살려만 주시면……' '찾게만 해주시면……' 추정해서 있을 만한 곳을 찾다가 돌고 돌아 아이가 마지막으로 있었던 곳으로 돌아갔다. 화장실에서 나온 하수도관이 지나가는 1m 정도 움푹 파인 모래 구덩이가 보인다. 거기에 아이는 덜 마른 상태로 모래 속에 머리를 파묻고 허우적거리고 있다. 아이의 모습은 흡사 황토밭에서 캐낸 고구마 같다. 한 순간 내 마음은 지옥에서 천국으로 변했다. 누가 나에게 이렇게 천국으로 바로 바뀌게 만들어 줄까? 아이가 사라지면 내 인생의 의미도 사라진다. 원점으로 돌릴 수가 없다.

처해 있는 환경에 따라 자기 좌표는 저마다 다르다. 누군가에게 책 한 권이 자신 인생 좌표를 바꾸게 한다. 부모나 선생님 말씀이 인생 좌표를 바꾸는 영향을 주기도 하며, 좋은 글귀가 삶을 변화시키기도 한다. 좌표는 현재 처해있는 위치나 형편을 나타내는 말이다. 앞으로 나아갈 방향이나 목적이 기준을 나타내는 표지이다. 좌표를 잃었을 때 우리는 우왕좌왕 한다. 부모에게는 아이는 좌표이며 살아가는 의미가 된다.

아이가 생기기 전에는 의미를 찾기보다 내 삶을 살아가기 바쁜 일상이었다. 변화 없는 가치관으로 나를 믿으며 그렇게 살았다. 내가 옳다는 착각 속에 살았다. 나를 중심으로 일상이 돌아가고 있다가, 아이가 태어나면서 다시 바라보게 된다. 인생에 대한 착각인지도 모른다. 나만 옳다는 생각에서 아닐 수도 있다는 생각으로 변화된다. 내 인생 지도 속 좌표를 이동시켜준 아이다. 인생을 통째로 바꾸고 함께 생활하면서 내 시각을 변화시켰다. 자녀 미래를 생각하면서 내가 생각하는 세상 범위가 확장된다. 나만 포함된 세상에서 아이가 살아가는 세상으로 바뀐다. 내 좌표는 어느새 아이에게 맞춰져 있다. 중심 관심사, 아이가 경험하라고 내가 갖고 있던 경제적인 것과 시간과 에너지를 일 순위로 쓸 수 있는 대상이다. 지금까지 내 관심이 언제나 먼저였지만, 자녀 관심사가 중요해지는 삶을 산다.

아이는 나에게 현재와 미래, 또 과거를 함께 바라보도록 좌표를 제시해 주었다. 아이 덕에 내 어린 시절을 다시 돌아보게 되었다. 내 과거에 경험했던 일들이 재구성된다. 닫혀 있던 기억 속 어린 시절이 아이로 인해 기억나기 시작한다. 아이를 키우는 시간은 내 마음속 치유 시간이 된다. 아이를 돌보는 시간은 분명 아이만을 성장시키는 것이 아니다. 부모인 엄마도 아빠도, 주 양육자도 함께 성장시킬 수 있다.

대한민국 엄마들은 어떻게 키우고 있는가

　대한민국은 지금 타인에 대해 배려 없는 구성원들로 몸살을 앓고 있다. 공부는 열심히 하지만 인간은 사라진 지식이 중심인 교육이 되고 있다. 인간 삶에 인성은 사라지고 지성만 강조해 왔다. 1990년대도 비슷한 사회 분위기가 형성되어 있었다. 대학만 잘 가면, 취직만 잘 되면 인생은 알아서 풀린다는 생각이 지배적이었다. 그런 분위기에서 자란 아이가 엄마와 아빠가 되니, 무엇이 잘못된 것인지 배우지 못해 우왕좌왕하는 경우가 종종 있다. 나만 잘되면 다른 사람은 상관이 없던 입시 위주였다. 사회 전반이 그런 분위기로 팽배했다. 지금도 균형 있는 인성 형성에 어려움을 겪고 있다. 기본인 사람에 대한 교육보다, 살아가는데 필요한 경쟁적 교육이 집중되어 있다.

　배려 없는 행동을 하는 부모 영향으로 다른 부모가 누려야 할 권리까지 축소되기도 한다. 인구정책으로 사회 전반에 유아시설 확장과 편의 시설 제공이 늘고 있다. 인식이 부족한 부모로 인해 서비스 제공이 축소되어 아쉬움이 남을 때가 있다. 독서실 영유아실에서 책을 읽었다. 책을 고르러 간 아이 엉덩이에 대변이 묻어 있다.

"화장실에 다녀 왔니?"

"아니요."

바닥을 보니, 아이가 앉은 자리에 아기 똥이 묻어 있다. 아이 기저귀를 도서관 책을 읽는 공간에서 간 듯했다. 물티슈를 뽑아서 닦았다. 냄새는 남았다. 그 방은 전체가 아기 대변 냄새가 남았다. 사서에게 이야기한다 해도, 주의 조치밖에 할 수 없다. 어린이 출입금지 구역이 아니고, 아이들을 위한 장소이다. 영유아 실에는 바로 옆에 아기를 위한 화장실이 있었다. 기저귀를 갈 수 있는 화장실이 있는데, 꼭 책을 보는 장소에서 갈아야 했던 건가? 다른 사람과 같이 쓰는 장소는 한 번 더 생각해 보지 않았다는 것에 아쉬움이 남았다.

나밖에 없는 세상이 아닌데, 남을 배려하는 마음이 상실된 부모 아래서 아이가 큰다면 비슷한 가치관을 갖게 될 가망성이 높다. 다른 사람을 배려하는 감성지수가 낮으면 사회에서 충돌이 생기기 쉽다. 공공기관에서 무료나 저비용으로 운영되는 유아를 위한 강의도 수강신청 후에 연락이 없고 참석도 하지 않는다. 다른 유아가 이용하지 못하고, 사회적 비용이 낭비된다.

식당에서 아이를 통제하지 않는 경우, 부모의 잘못이라고 할 수 있다. 세계적으로 정보통신기술이 먼저 발달 되고 급속도로 소식이 전달되는 대한민국이다. 정보통신 강국 대한민국은 세계에서도 인정하고 있다. 선구자적 위치를 점유하고 있는 만큼 정보 통신 분야는 전 세계가 지켜보고 있다. 정보통신 강국 이어서 소외당하는 사람들이 소리를 가감 없이 들을 수 있다는 장점이 있다. SNS를 통해 급속도로 의견이 전해지고, 그 소식은 바로 사회 쟁점이 된다.

'국물녀'라는 사건이 있었다. 초등학교 2학년인 아이가 누군가로 인해 뜨거운 국물에 화상을 당했다는 것이었다. 국물을 투척한 사람을 바로 찾지 못했다. 나 역시 아이 상태를 보고 같은 어머니 마음이 되어 안타까웠다. 빨리 잡아야 한다고 했지만, 의외로 사건은 다른 방향으로 흘러갔다. CCTV 영상으로 국물녀에 대한 마녀사냥은 끝났다. 한쪽 입장만 듣고는 알 수 없었던 사건이었다. 아이의 행동을 확인하지 못 한 잘못은 돌보지 않은 부모 탓으로 기울어졌다. 장소를 분간하지 못 하고 피해를 준 것에 대한 부모 교육이 잘못되었다는 것으로 마무리되었다.

필자가 식당에 일한 적이 있다. 손님이 이용한 자리를 치워야 하는 것은 맞지만, 아이가 저질러 놓은 곳에 상상 이상으로 엉망진창이 되어 있으면, 일하는 사람에 대한 배려가 부족하다는 생각이 드는 경우가 종종 있었다. 조금이라도 배려하려는 분들을 보면 인격에 향기가 남아서 미소 짓게 된다.

어린이 출입 금지 구역은 그런 여론에 힘입어 생겼다. 취약 전 아이의 분별 있는 행동을 원하는 요구가 어린이 출입금지 구역을 만들어 냈다. 성인 손님에 대한 배려와 영유아 및 어린이 관련 안전사고를 방지하기 위해 출입을 제한하는 것이다. 식당에서 요구한 규율을 지켰다면 어린이 출입 금지 구역이 급속도로 번져나가지 않았을 것이다.

내 아이 기죽이기 싫다는 부모 마음은 알지만, 함께 하는 공간에서 상대방을 배려는 정확히 해 두어야 아이가 더 좋은 대접을 받는다. 어떨 때는 구분이 안 되는 방종과 방임이 행해지는 경우가 있다. 구분이 쉽지 않지만 지켜줘야 보호자에 대한 권리를 인정받을 수 있다.

호텔 화장실에서 언쟁 소리가 크게 들렸다. 내가 들어갔을 때, 비데 물줄기가 한 화장실 문 쪽을 향해 쏟아 오르고 있다. 청소 담당하는 사람이 지나가면서 하지 말라고 했다. 아이가 누른 비데 물줄기를 보고 청소하는 분이 그렇게 하면 안 된다고 말한다.

"우리 애가 안 했어요."

아이가 계속 누르고 있는 것이 보이는데, 엄마는 오히려 청소 담당에게 아이가 좀 그러면 어떻냐고 한다. 청소 담당이 그런 걸 하라고 일하는 것이 아니냐는 것이다.

기저귀를 교체 후 똥 기저귀는 매장에 두고 가거나 일회용 컵이 아닌 매장 컵으로 오줌을 받는 경우가 있다. 아이가 먹은 테이크아웃 컵과 엄마가 마신 얼음만 남은 컵이 나란히 정수기 위에 얹혀있다. 다 먹고 얼음이 남겨진 통을 두고 가면 직원이 일부러 치워야 하고 그렇다면 좋은 교육서비스를 하고 싶어도 직원도 사람인지라 철회하고 싶지 않을까, 권리는 책임을 다할 때 받을 수 있다. 배려 없는 행동은 같이 사는 세상에서 암처럼 이기적 영역을 확장한다. 배려를 잘하는 사람들 마음을 닫게 만들기도 한다. 아이에게 안 되는 것을 설명해주고, 단호하게 주지시켜야 한다. 단호하지 않고, 한없이 부드러운 양육자 행동으로 어린이 출입금지 구역에 대한 사회적 합의가 생기는 것에 일조하고 있다. 단호할 땐 단호해야 한다. 규율과 규칙은 지켜야 하면 따라야 한다. 시간에 따라 효율을 극대화해야 하는 경우 창의성도 함께 키운다는 것과 같이할 순 없다. 공공장소에서 통제 없이 무관심함 때문에 '노키즈존'이라는 새로운 비즈니스 모델이 생겼다.

개인 혼자 창의성이 높아도, 그걸 발휘하려면 대인관계 능력이 필수적이다. 창의성 있는 인재가 처음부터 끝까지 뚝딱 무엇을 만들어 판로를 개척하기까지 혼자서는 힘들다. 함께 의논해서하면 오류가 줄어들고 프로젝트가 더 효율적 이다. 결과를 내려고 해도 함께하면 더 수월하다. 창의적인 아이도 적당한 규칙이나 규율 정도는 따라야 한다. 서로가 같이 살아야 하는 공동체 삶을 인정해야 한다. 성숙한 의식으로 타인을 존중해야 한다. 권리는 의무도 함께 지킬 때 누릴 수 있다. 타인의 입장을 고려해서 아이에게 통제가 필요할 때는 규율을 지키도록 해야 한다. 아이를 키우는 부모는 그런 통제를 하지 않으면 조만간 본인이 아이에게 휘둘릴 수 있다. 되는 것과 안 되는 것에 구분을 부모가 알려주면 아이도 헷갈리지 않을 것이다. 왜 이 장소에서는 그런 행동을 하면 안 되는지 사회에서 통용되는 규칙을 가르쳐 주기 좋은 기회이기도 하다.

부모는 '무엇을' 해주려고 하고, 아이는 '어떻게' 해주었으면 한다. 서로 다른 곳을 바라보고 있다. 해운대 축제에서 모래언덕을 이용한 썰매 타기를 즐기고 있었다. 여러 부모님 태도를 보게 되었다. 정해진 시간 안에 여러 번 아이를 태우기 위해서 부모님이 아이의 썰매를 들고 나른다. 늦더라도 자기 힘으로 썰매를 들고 올라간다면 내려갈 때 느낌이 다르지 않을까? 모래 성질을 배우러 경험을 따로 돈 내고 시간을 내어 배우러 간다. 모래에 대한 성질이나 탄성 등을 배울 수 있는 좋은 경험일 수 있는 이곳을 충분히 활용하지 못한다. 이중으로 힘들고 돈 든다. 눈에 보이는 것에만 치중하니, 눈에 안 보이는 것을 더 생각하지 않는다. 부모는 아이에게 희생했다. 열정적으로 노력하고 힘을 다 빼버린다. 아이는 자신을 도와주는 부모에게 늦다고 재촉한다. 다른 아이는 부모에게 재미없다고 가자고 한다. 부모는 애가 달아 아이에게 더 타라고 한다. 시간당 탈 수 있는 한도가 있는데, 아이가 따라 주지 않는다고 아이에게 고집이 세다고 한다. 힘이 빠지라 노력하는 부모를 보니 아이는 더 이상 흥미가 생기지 않는다. 부모에게 감사하다는 마음도 생기지 않고, 아이에 동기 유발도 감소한다. 엄마 때문에 이걸 탄다고 주객이 전도된다. 엄마는 힘들어서 다음 해는 여기 오지 말아야겠다고 결심을 한다. 반복으로 더 배울 수 있는 곳의 경험이 일회성 이벤트로 끝나 버린다. 남는 건 아이와의 인증사진이다. 맛집에 가서 먹은 음식을 기억하며 그곳을 떠난다.

금쪽같은 휴일, 우리는 아이에게 어떤 경험을 준 것인가? 5년이 지난 후, 아이에게 남을 만한 교육이 되었는지 미래를 기준으로 확인해 보면 답을 찾을 수 있다. 최선이 아니면 그것을 통해 배우는 새로운 답을 찾을 수 있다. 아이가 했던 행동에 주목해 보자. 흥미를 느끼던 아이도 부모님이 너무 적극적이고 전투적인 자세에 주춤거린다. 어느덧 학습을 통해 배우는 주객이 전도된다.

우리는 육아를 공부하고 아이에 대해 최선을 다한다. 자녀의 나이에 맞는 다양한 준비를 한다. 정작 인간으로 필요한 인간성은 빠져버렸다. 자식을 사랑하는 것은 본능에 가깝다. 본인을 사랑하는 사람이면 자식도 본인 사랑의 확장으로 여긴다. 그렇지만 아이를 제대로 사랑하는 것은 생각만큼 쉽지만은 않다. 아이를 위해서 했는데 결과는 엉뚱한 경우가 있다. 열정적인 엄마들은 슈퍼 맘이라는 이상을 실현하기 위해 온갖 노력을 다한다. 적당한 선이 필요하다. 중도, 중용이 필요한 순간이다. 자신의 색을 간직하고 자라기 위해선 뒤에서 코치를 해주는 것으로 충분하다. 부모는 자녀 교육에 자신이 더 주도적으로 변하는 경우가 있다. 경쟁을 위한 속도전에서 밀리면 안 된다는 강박관념이 지배하고 있다. 24시간 동안 계속되는 광고나 마케팅으로 우리 교육은 학살을 당하고 있는지 모른다. 우리 교육 주권은 이미 다른 사람에게 빼앗긴 지 오래다. 자본주의와 성공의 원리에 육아 본질은 흐려지고 있다. 인성은 사라지고 성공만 강조한 유토피아를 향해 달려간다.

자녀를 키우니 육아 관련 책을 열심히 읽었다. 읽고 또 읽으면 길이 확실하기보다 오히려 미궁에 빠졌다. 내가 잘해도 아이는 안 변하는 부분이 있다. 그럴 때면 자기합리화를 하거나, 다른 부분으로 탓을 돌리기도 했다. 사회가 바꿔지 않아서, 아이를 키우기가 어렵다는 푸념도 생긴다. 육아 내용을 읽으면서 많은 의문과 고통이 느껴진다. 알면 알수록 혼란스러운 과정이다. 정작 내 아이는 빠진 채 육아 책을 공부만 한 것이다. 글로 배운 육아는 나를 곤란하게 한다. 아이를 바라보는 것이 아니라. 육아서를 바라보고, 아이를 쳐다보지 않고 곁눈질로 키우고 있었다. 물탱크에 펌프가 고장이 났다고 보면, 펌프가 돌아가야 할 때 안 돌아가고, 돌아가지 말아야 할 때 계속 돌아갔다. 돌아가지 말아야 할 때 돌아감으로 탱크의 잡아주는 부분의 고무 패킹은 터진다. 돌아가야 할 때 작동이 되지 않아 집안은 물난리가 날것이다. 통제가 꼭 필요할 때 통제하지 않고, 아이가 해야 하는 것을 본인이 다 해주거나 자신의 불안감을 줄이기 위해서 통제를 하면 난리가 날 것이다.

아이를 잘 키우고 싶다. 고생만 하고 남는 것 하나 없는 육아로 정신과 육체가 고갈되기 전에 돌아보고 점검하는 것은 어떨까. 아이 관점에서 봐야 하는 것이 있고 사회 관점에서 바라봐야 하는 것이 있다. 그에 따라 부모가 생각해야 하는 것이 달라진다. 현재 자기 육아 좌표에서 더하고 빼고 나누고 곱하면서 자신의 적절한 위치를 찾자.

4차 산업 시대는 창의성이 중시된다. 남에 시선에서 바라보는 것이 아니라 내 아이와 함께 그 자리에 맞게 느끼고 조정해 나가는 것이다. 본질을 확인하고 내가 만들어가는 육아가 필요한 시기이다.

육아는 정답을 찾아가는 과정이다

육아에 정답이 있을까? 아이를 키우면서 한 가지 방법으로 모든 것이 딱딱 맞아 떨어지면, 속 시원할 것 같다. 육아를 자기 원칙대로 하다가도 감정이 있어서 때에 따라 다른 반응을 한다. 감정이 생기는 건, 인간으로 당연하다. 아이의 철없는 행동에 울컥 감정이 올라오기도 한다. 일관성 있는 육아가 좋다는 걸 알지만, 시시때때로 변하는 감정으로 육아의 일관성을 지키기 어렵다. 일관성이 중요하지만, 아이에게 언제나 온화한 모습을 보이는 것만이 최고의 방법은 아닌 것 같다. 혼란스럽기도 하다. 한동안 혼자 고민도 해야 하고, 상호관계에서 엄마가 우울할 수도 있고, 신경이 예민할 수도 있다는 것 자체로 문제가되지 않는다. 낮에 있던 감정적인 행동으로 죄책감을 느끼는 것보다 근본적인 해결책을 시도해보려고 하나씩 노력하는 것이 더 좋을 것이다.

물론, 엄마가 예민한 상태가 계속되면 아이에게 불안함을 주기도 한다. 해결하지 않은 채 지나 가버리면 아이와의 관계에 문제를 일으킬 수 있다. 아이가 잘못한 것이 아닌데 감정의 화살이 잘못 날아가기도 한다. 초점이 흐려져 구분하지 못하는 것에서 문제가 발생한다. 심한 경우 아이를 유기하거나 폭행하는 등으로 변질된다. 실제로는 남편에게 감정이 상했는데, 저쪽 편에 있던 아이가 우유를 쏟았다고 아이에게 과하게 화를 경우가 있다. 남편이 대응하기 힘들어서 약한 사람에게 화풀이하는 격이 된다. 분노의 원인이 아이가 아닌데 계속 화를 내는 모습을 보여 준다면 아이는 부모에 대한 신뢰가 떨어질 것이다. 보모에게 바로 반응을 보이지 않지만, 그런 일이 되풀이되면, 풍선의 한쪽을 누르면 다른 쪽이 부풀어 오르는 것처럼 문제는 다른 곳에서 부풀어 오른다. 아이의 다른 활동에서 문제가 불거져 나올 수 있다.

　육아는 부모로부터 관계 맺음이 시작한 후 아이 스스로 삶에 의미를 찾아가는 과정이다. 많은 경우 양육자 자신이 감정분화가 잘되어 있으면 자녀 감정도 객관적으로 다루기가 쉽다. 본인의 기분이 울적하다. 이유를 깊이 분석할 수 있는 경우에는 부모 자신이 감정에서 벗어나 아이에게 불편한 감정을 표출할 가능성이 줄어들 것이다. 부모가 자신의 우울한 감정을 왜 그런지 파악하지 못한다면 아이에게 윽박지르고 난 후 후회하는 경우가 많을 수 있다. 정보를 주어야 할 때 정보를 주고, 감정을 나눠야 할 때 감정을 나누지 못해서 문제가 생긴다. 남녀의 연애에서도 이런 경우가 있다. 여자가 왜 그러는지 남자는 이해할 수 없다. 남자는 여자를 집에 데려다주고 돌아설 때 이유를 알았다. 여자는 자신이 왜 그러는지 그날 알지 못하고 삼사일이 지나고도 자기 감정 실체를 모른다. 최악의 경우 여자는 자신이 그때 그랬는지 기억조차 못 하는 경우도 있다. 만일 아이에게 실체 없는 불편한 감정으로 좌지우지되는 엄마가 있다면 어떨까? 감정 기복은 있어도 사랑하는 마음이 있다고 생각한 엄마는 자신이 잘하고 있다고 착각하고 있을 수도 있다.

육아는 아이가 주가 되어 적기반응을 통해서 내면이 성장한다. 아이가 할머니 병문안 후, 집에 오면 자연스럽게 병원놀이를 하기 시작한다. 부모 옆에 와서 반사경을 만들어 달라고 한다. 흰색 와이셔츠를 받쳐 입고, 반사경을 찾는다. 청진기를 가져와서 배에 대고 아기가 태어날 것이라고 말해준다. 작은 반사경으로 입안을 확인하고, 체온계를 이용해서 상대의 귀 안 온도를 잰다. 아이는 병원에서 자신이 경험을 재구성하면서 여러 가지 정보를 자신의 것으로 흡수시킨다. 동화되고 구성하면서 새로운 정보를 습득한다.

"아, 입 벌려 보세요."

할머니 혈압 측정하는 것을 보았는지, 검은색 천을 가져와서 팔을 두른다. 입으로 쓱쓱 소리를 내면서 심각한 표정을 짓는다. 여기에 연계 교육을 넣어본다. 타인의 감정을 이해하는 방법으로 접근한다면 지식, 지혜를 낚싯대로 잡다가 그물로 잡는 효과가 나타난다. 시너지 효과를 얻을 수 있다.

"할머니가 아파 보였어?"

"많이 아픈 것 같았어요."

"그래서 할머니의 다리를 주물러 준 거야."

아이는 이모가 할머니 입으로 음식을 주는 것을 보고 장난감 음식과 함께 자기가 먹던 밥을 들고 엄마에게 온다. 자신이 본 것과 똑같이 엄마 입에 넣어준다. 감정이입이 된 사회적 관계 맺음을 자연스럽게 학습하게 된다.

현재 우리나라에 대부분 여성이 육아를 할 때 아이를 전적으로 맡아야 하는 경우가 많다. 타인의 도움을 거의 받지 못한다. 사회에서 소외되고, 단절을 겪게 된다. 아이가 태어난 지 3달 정도 지나면 혼자 육아를 담당하는 산모의 경우 우울감이 전반적으로 깔린다. 다른 사람들을 만나기 힘들어 대화로 풀지도 못

하고, 아이랑 눈빛을 나누지만, 자신의 지금 현재 상태를 위로받지 못하면 육아가 힘들어진다. 타인과의 대화도 사라지고 한 번도 해보지 못한 육아를 담당해야 하는 압박에 시달리기도 한다. 그때는 기분이 어떤지 스스로 받아 줄 수 있도록 언어로 표현하면 우울감에서 조금 벗어날 수 있다. 일기를 쓰거나 어떤 상황에 느꼈던 감정을 적으면서 감정을 객관화시킨다. 감정 카드를 이용해서 그때 느꼈던 감정을 적는다. 언어로 감정분화를 하면 현재 나의 주요 감정이 아이에게 전이되는 것을 막을 수 있다. 아침에는 엄마가 기분이 좋다가, 저녁에 엄마의 다른 모습을 보면 아이는 불안감이 증폭된다. 밤이 되면 엄마는 아이에게 잘못한 것 같은 죄책감이 드는 마음이 점점 사라지는 경험을 하게 된다. 아이를 키우면서 내 어린 시절을 뒤 돌아보게 해주었다. 어린 시절 나는 어떻게 느꼈는지 더 자주 느끼게 해주고 그 시절 주요 감정들을 꺼내서 치유할 기회가 되기도 한다.

"짜자잔! 만들었다."

"이게 뭔데? 로켓? 우주선?"

블록 놀이 한참 후에 엄마에게 자기 작품을 보여준다.

"아니, 집이야."

"사진 찍어도 될까?"

뿌듯한 얼굴을 한 아이가 손으로 작품을 가리킨다.

"그래."

사진을 찍으면 '아이 작품'이라는 파일로 넘겨 두었다. 육아도 아이의 작품처럼 다음에 더 나은 작품을 기약한다. 나무 블록에서 집에 와서 다시 레고 블록을 가지고 연구한다. 관심 확장이 된다. 아이가 물어볼 때 즉시 반응하면 좋지만 그러지 못한다면 아이가 말한 것을 다시 확인해 주는 것이 필요가 있다. 아이의 만족 지연 능력을 키우는 방법은 엄마의 관계에 많은 영향을 받는다.

아이를 키우는 것이 완벽해야 한다는 당신의 강박 때문에 힘들어 질 수 있다. '실패해서는 절대 해서는 안 된다'는 당신의 신념 때문에 아이를 키우기가 힘든 건 아닐까? 육아는 과정임에도 많은 경우 결과 관점에서 완벽해야 한다는 생각하는 있는 경우가 있다. 그러면 아이를 키워내야 하는 대상이 된다. 엄마라는 역할을 해야 하는 일이라고 생각하게 된다. 아이를 변화시키려는 것만 목적이 되면 아이가 자신이 교육한 만큼 따라오지 못하는 경우 양육자는 답답해진다. 육아는 양육자가 주로 이끌어야 해야 하는 행위이기는 하나 아이가 중심이 되어야 한다. 자녀 관심과 발달에 따라 연계되어 확장해야 한다. 아이는 자기 수준에 맞게 능력을 키워나간다. 엄마만 발을 동동 구르며 노력한다면 아이는 자기 힘을 사용하는 것을 잃어버릴 수도 있다. 키우는 사람이 주가 되는 것이 아니다. 아이가 중심이 되어 부모는 아이가 커나가는 것을 지켜봐 주는 여유가 필요하다.

갈림길에 서 있던 엘리스는 체셔 고양이에게 물었다.

"내가 여기서 어디로 가야 하는지 말해 줄 수 있어요?"

고양이는 대답했다.

"그건 네가 어디로 가고 싶어 하는지에 달렸지."

"나는 어디든 상관하지 않아요."

"그렇다면 어느 길로 가든 별로 중요하지 않단다."

정보나 지식은 인터넷에 가득하다. 보물인지 아닌지를 찾는 것이 이 시대를 살아가는 사람에게 필요한 덕목이다. 영유아기에는 말 잘 듣는 아이가 효자, 효녀이다. 중학생이 되면, 자신이 좋아하는 것이 확고한 아이가 효자, 효녀이다. 당신은 자녀의 관심이 무엇인지 알려고 노력하고 있는가? 많은 육아서에서 손가락으로 달을 가리키지만, 우리는 육아서에서 말하려는 달을 보지 않고 손가락만 보고 있지 않았는가. 아이를 지켜보자. 천천히 생각하라. 우리 아이를 보자.

완벽한 엄마, 이상적인 엄마의 상이 언론매체에 의해 변화되고 있다. 광고에서 똑똑한 엄마는 이런 걸 산다, 현명한 엄마는 이런 걸 사용한다고 SNS를 통해 말한다. 육아 산업이 자본주의 덫에 걸려서 양식되고 있다. 블로그와 인터넷 매체로 학습 당하고 거기에서 말하는 완벽한 엄마를 꿈꾼다. 정신은 빠지고 기술만 남아버리는 오류를 범하지 않는지 돌아볼 필요가 있다.

어떤 곳에 갈 때 경험을 키운다고 아이를 함께한다. 사진 찍기와 맛집 탐방이 주로 이뤄져 있지는 않은가? 맛집 탐방이 목적인가? 아니면 전국 아이들을 음식 칼럼니스트로 키울 생각인가? 아이의 특성을 고려해서 1%만이라도 생각을 해보면 아이의 미래에 방향이 바뀔 수 있다. 아이가 가진 특성을 알아보고 활동을 정하는 것이 필요하다.

자식을 사랑하는 것은 본능에 가깝다. 예외도 있지만 많은 경우 자식을 사랑하는 것은 자연스러운 것이다. 사랑하기 위해 특별히 노력이 필요한 것은 아니다. 다만 아이를 제대로 사랑하는 것은 쉽지는 않다. 아이를 위해서 노력했는데 결과는 아닌 경우도 있다. 아이가 뭘 좋아하는지 어떤 경험을 하게 해 줄 건지, 환경이 허락한다면 자신이 어떤 것을 해 줘야 하는지, 부모는 시시때때로 선택 순간을 마주한다. 부모라면 어떤 결정을 내려야 하는가? 부모로서 최선을 선택한 것일까? 매번 선택하고도 불안하다. 확신이 없을 수도 있다. 다른 사람 조언에 너무 괘념치 말고 옆집 아이랑 비교도 줄여보자. 선배 육아법은 참고를 할 뿐, 우선 내 아이의 마음 읽기를 최우선에 두고 아이 성장 속도에 발맞춰 세상 그 어디에도 없는 맞춤 육아법을 만들어보자. 이 책이 본인 원칙을 명확히 하기 위해서 참고하는 지침서가 되길 바란다.

　아이는 선택할 수 있다는 것을 알고 있다. 아이는 자기 선택으로 일어나는 결과를 보고 다음 선택은 더 현명하게 할 수 있다. 어떤 선택이든 다음 선택에 영향을 줄 수 있다. 선택해 보지 않으면 언제나 그 선택은 처음이 된다. 현대 사회는 어느 길로 가느냐에 따라 삶이 바뀌는 경우가 많다. 선택 후 경우의 수도 많다. 선택을 망설이다가 다음 길을 잃을 수 있다. 선택에 만족하고, 선택 후 대안을 짜는 것도 개인 성장의 일부가 되었다. 인터넷 매체의 유혹에서 자신을 지킬 수 있는 것도 자기가 알아야 가능하다. 자기 가치관이 명확하다면 선택의 갈림길에서 허비되는 에너지 낭비를 줄일 수 있다. 삶의 경쟁력은 거기에서 나온다. 가치관이 확실히 갖춰진 자기중심에서 나온다. 문제집을 보면 보통 정답이 뒤쪽에 있는 경우가 많다. 그것도 아니면, 다음 장에 있다. 안타깝게도 육아는 정답을 모르고 문제만 가득한 시험이다. 시간이 정해지지 않은, 문제만 풀고 있는 느낌이다. 정답을 몰라도 계속 다음 문제가 나온다. 다음 문제를 풀어야 한다. 지금 이 문제 5년 후에도 지금과 같은 답을 할 것 같은 것이 정답에 가깝다. 생활 속에 답이 있다. 아이의 생활을 잘 관찰해야 한다. 관찰해야지만 거기에 알맞은 답을 찾을 수 있다.

정도 육아

우리 아이를 시대 맞는 인재를 키우기 위한 최적화된 방법이 있을까? 지금은 4차 산업 시대이다. 산업이 지금과 차원이 다른 변화가 우리 앞에 놓여 있다. 산업의 단계가 변화되었다. 예전에는 필요했던 단계가 필요 없는 시대가 되었다. 거푸집처럼 틀을 만드는, 금형하고 찍어내는 과정이 사라진다. 금형 같은 공정이 필요 없이 생각한 것을 바로 설계도면으로 만들면 기계가 알아서 프린트해서 집이 지어진다. 인공 뼈를 만들어 이식하기도 하고, 혈관을 만들어 주입하기도 할 것이다. 기호에 맞는 물건을 금형을 뜨지 않아도 된다. 적은 돈으로 원하는 물건을 짧은 시간에 만들어 낸다. 원하는 것을 소량생산할 수 있는 시대다. 예전엔 당연하게 여기던 단계는 사라진다. 최대한 생략하고 필요한 것만 찾아서 직접 길을 만들어야 한다.

산업이 변하니 문화생활도 예전보다 다양해졌다. 4D 입체영화는 일상화되었고 의자가 위 아래 뒤로 움직이고, 물이 튕기거나 연기가 올라오며 사실감을 더한다. 박람회나 국공립박물관 등에서는 전후 좌 후 따라 다른 영상이 보이는 5D 시대이다. VR 기계를 이용하면 집에서도 잠시 얼굴만 돌려도 다른 세계로 들어간다. 5D 영화관에서 영상을 보기 위해서는 소리 나는 곳으로 시선을 옮겨 가면서 보면 더욱 실감 나게 볼 수 있음을 경험하고 있다.

놀이공원이나 테마파크에 포토존을 어렵지 않게 볼 수 있다. 포토존도 평면 사진 촬영에서 입체로 진화했다. 시대를 반영한 듯, 3D 입체 포토존이 있다. 해돋이일 때나 일몰일 때 입체 사진이 그럴듯하게 나온다. 입체로 가장 잘 나오는 포인트에 표시가 되어 있다. 그곳에서 서서 배경을 찍으면 입체효과가 극대화된다. 고래 뱃속에 들어가 있는 모습과 절벽 끝에서 손을 내미는 모습 등 현실과 프레임 세상은 상상으로 합해져 재생산된다. 우리가 찾는 답도 어느 자리에서 보면 육아를 가장 입체적으로 알아볼 수 있지 않을까.

시대에 맞게 시각을 갖춘다면 아이 성장 속도에 맞춰 코치 가능할 것이다. 자연스럽게 아이 스스로 사회에 맞는 인재로 성장하게 될 것이다. 아이가 커가면서 부모의 역할은 변해야 한다. 흥미에 따라 제시하는 것도 달라진다. 때마다 다른 교육이 첨가되어야 하는 아이를 장기적 시점으로 바라보고 초점을 맞춘다면 아이에게 맞는 육아법을 찾을 수 있을 것이다. 3D 입체사진을 찍을 때처럼 아이를 바라보는 장소와 시기에 따라 달라져야 한다. 같은 곳을 보더라도 다른 시각으로 현상을 바라보아야 한다. '대체 왜 이런 일이 생긴 거지? 놓치고 있는 것이 있는가?' 틀을 깨지 않으면 새로운 기술을 이해하기 힘들다. 내가 틀렸을 수 있다고 가정하고 새로운 틀을 인정해야 한다. 이는 절대 쉽지 않으며 누구나 피하고 싶은 상황이다. 인간은 안정적인 현재에 머무르고 싶은 마음을 가지고 있다. 기존 지식으로 재탕하며 살아가는 중년의 경우에 그런 경향은 심하다.

"냄새 맡아봐."

작은 텃밭에서 엄마는 아이에게 향을 보라고 한다.

"손으로 잎을 비비듯 이렇게."

잎을 비비며 아이에게 흥미를 이끈다.

한참 동안 밭에 있는 깻잎, 코리아 허브, 레몬 밤, 페퍼민트 등을 만져본다. 아이는 의미심장한 미소를 띤다. 식물만 그렇게 키워지는 것이 아니다. 자신만의 색을 내고 맛을 갖기 위해서는 우리 아이도 그에 맞는 향을 내는 것, 바람이 불고, 비가 몰아치고 태양이 비추는 순간순간에도 자신 향기를 더 해 가는 것이 인간의 삶이다.

해달라는 대로 다 해줬는데 도대체 애들이 왜 이러지? 자신에게 고마워할 줄모르고 투정만 부리며 반항을 한다. 아이가 문제라고 생각하면 해답이 나오기어렵다. 그렇다면 부모의 문제를 확인해 보자. 그 아이를 위한 게 맞는지, 좋은엄마라는 표제에 맞게 연기하는 것은 아닌지 돌아볼 때다.

우리는 긴 안목이라는 지도가 없이 앞뒤 보지 않고 왜 고생을 하는지 모르고달려간다. 주객이 전도되었는데 알아차리지 못한다. 원칙도 없고 닥치는 대로키운다. 무언가 열심히 했다. 나는 열심히 살았는데, 결과는 파국이다.

부모의 역할은 정답도 없고 노력한 만큼 바로 결과가 나타나는 것도 아니다. 확실한 것이 없으니 불안감은 당연하다. 최선을 다해도 "엄마, 싫어! 이거 안 할래." 하고 우는 아이의 말 한마디에 무능하고 초라해지기도 한다. 엄마의 역할은 끝이 없다. 그만두고 싶다고 사표를 던질 수 없다. 자신을 믿고 아이를 바라보자. 부모인 나만큼 아이의 성격이나 가정환경을 아는 사람은 없다. 아이를사랑하는 것도 이 세상에 내가 최고다. 교육법이나 충고에 흔들리지 말고, 완벽해지려고 노력하지 않아도 지금 부모의 사랑으로 충분하다.

'완벽함은 훌륭함의 적이다.' 라는 말이 있다. 지금 잘한다는 소리를 들었다고 그 칭찬에만 머무를 수 있다. 칭찬을 뛰어넘어야 자기 성장을 할 수 있다. 아이는 자기를 찾아가는 과정 중에 있다. 혼났다고 우울할 필요도 없고 외부에서 상이나 칭찬을 받았다고 우쭐할 필요가 없다. 자신의 내면을 길러야 한다. 칭찬에 안주하기 시작하면, 때 되면 기름칠해야만 움직이는 아이가 된다. 외부 시선에만 관심이 있다면 내적 성장은 힘들고 어렵다. 그러면 아이 초점은 자신의 성장이 아닌 상 획득으로 변한다. 순수한 몰입의 즐거움이 상을 받기 위한 고통이 변해버린다. 순수한 목적의 기능을 잃어버리면 부유하는 배처럼 이리저리 방황할 것이다.

완전무결한 엄마는 없다. 우리는 완벽하지 않아도 충분히 좋은 엄마가 될 수 있다. 아이의 발달 상황에 맞춰 역할도 조금씩 달라져야 하므로 육아 책이나 선배의 조언을 들을 필요도 있다. 그걸 참고하고 자기화시키는 과정이 필요하다. 또 아이마다 차이가 있다는 것을 인정해야 한다.

우리나라 속담에 '고생 끝에 낙이 온다.' 라는 말이 있다. 그렇게 낙이 되려면, 고생이 성장을 위한 디딤돌이 되어야 한다. 고생하면서 생각할 시간이 없다면, 가야 할 방향을 잃은 노예와 같다. 고생 끝에 낙이 되기 위해서는 고생을 하면서도 자기 생각을 해야 한다. 고생의 답이 있는지 타진해야 하고 가야 할 방향이 있어야 한다. 만일 고생하면서 아무 생각이 없다면 그냥 고생은 늙어서 골병드는 것으로 끝난다. 남는 것은 몹쓸 몸뚱어리뿐이다.

자신의 부정적 편견을 천성 탓으로 돌리는 건 방어기제일 수 있다. 예민한 아이라고 고생스럽다고만 생각하는 것은 자기 편리한 대로 합리화시키는 것일 수 있다. 아이가 예민한 만큼, 보통의 감각을 가진 사람이 하기 어려운 과제에서 두각을 나타낼 수 있다. 소리에 민감하다면 예민한 음감을 활용하여 그 분야에 독보적인 위치를 차지할 수 있다.

아이의 생각을 무조건 따르라는 것은 아니다. 다른 사람을 설득시키려면, 상대방의 처지를 헤아려볼 필요가 있다. 그런 과정을 거치며 설득한다면 큰 무리 없이 서로를 이해할 수 있다. 문제의 크기가 우주만 하던 일이 아이 입장으로 바라보면 손톱만큼 작아진다.

"어떤 것이 좋아?"

아이는 노란색과 분홍색 기차를 가져온다. 당연히 본인이 좋아하는 '분홍색'은 줄 생각이 없다. 다른 사람 취향을 생각하지 않는다.

"나, 분홍색."

"아니야! 엄마는 노란색 해!"

잡아당기는 과정에 노란색이 부서진다. 아이가 만든 것인데 일부러 그런 건 아니지만 사과를 한다.

"미안해."

아이도 엄마가 일부러 한 것이 아니라는 걸 안다. 사과를 받고 난 후 자신도 잘 못 한 것이 있지 않은지 돌아보게 된다. 엄마에게 자신이 뭔가를 해주고 싶어 한다.

"다른 것 주세요? 라고 해봐요."

아이는 나에게 다른 것을 제시한다. 자신의 행동에 대한 다른 시각을 갖게 된 것이다. 아이에게 생각할 시간을 주면 새로운 시각으로 접근하게 되기도 한다. 부모는 기다려주면 된다. 잔소리로 설명하고 싶지만 참아보자.

"다른 것도 주세요?"

아이는 자신이 좋아하지만 잠시 엄마에게 줄 수 있는 여유가 생겼다. 아이는 엄마에게 잠시 시간 동안 자신이 좋아하는 것을 나눌 수 있다. 나도 아이에게 양보만 하라는 것이 아니었는지 생각하게 된다. 아이의 입장이 되어서 훈육을 하는지를 생각해 본다. 내가 바쁘면 아이는 기다림이라는 시간을 참아야 해야 한다. 미안하다는 말 한마디 없다. 아이는 다음 기회에 자신의 억울함을 말하고 싶어 할 수도 있다.

가족은 각개전투로 아이는 아이대로 힘들고, 엄마는 엄마대로 힘들다면, 서로 협력해서 문제를 풀어갈 수 없는 것인가? 자기 조절을 통해 감정의 시작 지점을 알려준다. 즉, 아이 행동에 초점을 맞추고 아이 욕구에 반응하는 법을 알게 된다. 부모는 아이 스스로 대처하는 법을 안내해야 할 것이다. 그 과정에 아이와의 관계는 돈독해질 것이다. 엄마와 아이, 모두가 행복하기 위해서이다. 알코올 중독자는 만족 지연 시간이 딱 한 잔 마시는 정도이다. 고소득 전문직인 의사는 6년이 넘는 시간 동안 전문 과정을 거쳐야 한다. 만족 지연의 시간이 길수록 결과에 대한 성과는 더 큰 보상으로 돌아온다. 아이를 적어도 5년 뒤에 미래를 바라보며 부모가 자기 행동을 결정하자.

제2장
덧셈 육아

내가 푼 문제마다 이후 다른 문제를 푸는 데 도움이 되는 규칙이 되었다.

_Rene Descartes

　만 시간의 법칙은, 한 분야에 탁월함을 보이기 위한 시간을 의미한다. 보통 하루에 3시간 일주일에 약 20시간, 한 달이면 80시간, 일 년이면 960시간, 10년이면 일만 시간이 된다. 탁월한 한 분야에 전문가는 외로움, 지루함, 고뇌의 시간이 더하고 더해서 만들어진다. 초반에는 하나에서 하나를 더할 때는 변화가 보이지 않을 수 있다. 임계점이 가까이 올수록 참아내고 이겨내는 것이 힘들어 포기할 수도 있다. 만 시간의 몰입이 정점, 임계점에 들어서게 된다. 임계점은 물질에 형태가 달라진다. 즉, 끓는 물체는 전과 다른 물질이 된다. 액체에서 기체로 변한다. 성질이 다르고 차원이 다르다. 그런 경지에 오르면 옆에 있는 사람에게 당신 열정 에너지가 자연스럽게 영향을 주게 된다. 전에 있던 자기 틀 안에서 보던 세상이 작은 그릇을 벗어나 자유로워진다. 더하고 더함의 법칙이 습관을 바꾸고 운명을 바꿀 것이다.

생각하는 시간을 더하라

어린 시절 나는 '느린 아이'였다. 일하고 돌아온 어머니는 나를 쳐다보고 무엇이 생각났는지 부른다. 아이가 맨날 놀고 있다고 생각하니 불편했던 것 같다.

"연필 가져와!"

연필을 가져온 나에게 한숨 쉬며 지시한다.

"지우개 가져와!"

초등학교 1학년이던 나는 TV 보다가 어머니 부름에 내 의지는 상관없이 움직인다.

"필통 전체 가져오면 처음부터 얼마나 좋으냐! 생각이 있는 거냐? 없는 거냐?"

공부하기 전에 우울해진다. 나는 어머니에게 '정신이 없는 아이'로 비난을 받았다. 뭘 해야 하는지 설명도 없이 어머니는 갑자기 들어와서는 한숨을 쉰다. 초등학교 1학년에게 공부를 왜 해야 하는지에 대해서 눈높이에 맞춰 이야기해주는 여유는 어머니에게 없었다. 배워야 한다고 매번 알려준다면 언젠가 알지 않았을까? 아쉽게도 그런 기억이 없다. 기억이 없다면 공부를 시키는 사람도 잘못한 것은 아닐까? 공부해야 하는 이유를 반복해서 알려줘야 했다. 왜 배워야 하는지 매번 알려준다고 해도 까먹는 나이다. 공부의 주체인 내가 왜 공부하면 좋은지 알지 못했다. 공부하면 할수록 불만이 쌓이게 된다. 공부가 아이에게 좋은 점이 뭔지 알게 해줄 수도 있었을 것인데, 나이가 들어갈수록 공부에 대한 흥미는 더 떨어진다. 왜 해야 하는지 모르기에 계속되는 학습이 버거워진다.

안 좋았던 기억은 20년이 지나도 30년이 지나도 남았다. 공부가 싫었던 것보다 그 과정에서 겪은 사건들이 힘들게 했다. 연필을 가져오면 지우개를 가져오지 않았다고 말씀하신다. 지우개를 가져오면 필통 전체를 가져오지 못한다고 한다. 나는 이 모든 과정에 설명 없이 진행되는 것이 힘들었다. 설명 없이 시킨 후 센스가 없다는 것으로 비난을 받으니 공부라는 것에 좋은 감정이 들지 않았다. 공부해야 하니 어떤 것이 필요하겠느냐고 물어보았다면 행동이 금방 달라지진 않겠지만, 이행하는 속도는 빨라졌을 것이다. 엄마는 자신이 생각하는 것을 아이가 생각하고 있을 것이라고 여긴다.

인간은 동물처럼 빠른 다리를 가져서 생명을 지키거나 힘이 세서 동물들을 잡아먹을 수 있게 진화되지도 않았다. 인간 힘의 근원은 두뇌이다. 인간은 두뇌를 쓰도록 진화됐다. 평생 공부를 해야 하는 인류에게 배우는 것의 흥미를 잃으면 살아가는 것이 막막해진다. 배우는 것을 싫어하는 경우, 배우고 싶은 걸 싫어하기보다, 일방적으로 가르치는 것에 익숙해서 흥미를 잃어버린 경우가 대다수이다.

아이와 이런 경우에 갈등이 생긴다. 엄마 머릿속엔 A를 생각하고 있는데, 아이가 B를 하면 실망하는 눈빛이 드러난다. 아이가 독심술을 하지 않으면 엄마를 만족시키지 못할 것 같다. 자신 생각을 다른 사람도 알 것으로 생각하면 말을 할 때 서론을 생략한다. 아이들은 생략된 부분을 모르면 아이와 부모는 갈등이 생긴다. 아이는 설명 없이 넘어가기 힘들다. 스스로 설득이 안 되는 것이다. 설득시켜 공부하게 하려면 아이에게 생각을 할 여지를 줘야 한다. 이유가 확실하지 않은 채 공부하라고만 하면, 공부는 서서히 멀어져 간다.

어머니는 나에게 부엌일을 시킨 적이 거의 없다. 남들 말로 하면 곱게 키운 것이다. 어머니는 내가 대학을 들어가서 자취할 때까지 도시락 한번 싸게 하지 않았다. 내 언니에겐 틈만 나면 부엌일을 시켰다. 어머니는 언니가 6살 될 때부터 부엌일을 시켰다. 어머니가 집에 도착하기 30분 전에 어머니는 언니에게 전화한다. '간장 2스푼, 소금 2스푼, 참기름 1스푼.' 시키면 언니는 대충 비슷하게 해 나갔다. 학업에 바쁜 고등학생 시절에도 일주일에 3번 이상은 밖에서 일하는 어머니 대신 언니는 동생이 먹을 도시락을 싸서 준비했다. 어머니는 내가 부엌에 들어가기만 하면 이렇게 말했다.

"들어오지 마! 네가 가만히 있는 것이 돕는 거야!"

음식을 만드는 경험을 거의 못 한 채 대학 시절 자취를 했다. 자취를 하니 한 끼 준비하는 것이 스트레스 연속이었다. 그 시절엔 음식에 관한 블로그가 잘 되어 있던 때가 아니었다. 대학 가서 아침엔 우동을 먹기 위해서 식당에 줄을 섰다. 집에 가서도 밥을 헤 먹을 줄 모르니, 하루하루가 고통이었다. 기본적인 음식을 못 하니, 내일 아침 끼니때 먹을 반찬도 마련되지 않았다.

언니의 자취 생활은 매일 매일 즐거움의 연속이었다. 새로운 반찬을 도전하면서 행복을 맛보았다. 오늘은 마요네즈를 넣어보고, 또 다른 날은 나물 삶는 시간을 늘려 본다. 다른 방법을 생각하면서 창의성도 커진다. 여유로움은 어떤 것을 경험해본 빈도나 강도만큼 늘어난다. 삶 속에 생각이라는 양념을 넣어서 결과는 훌륭함에 가까워진다.

아이가 대소변 가릴 나이가 되면, 대소변을 못 가린다고 조바심이 났다. 다른 애들은 2살이 되기도 전에 다 가렸다는데 우리 아이는 영원히 못 가리는 것이 아닌가 걱정이 된다. 태연한 척하지만 내 아이만 아직 용변 훈련이 안 된 것 같아서 혼란스럽다. '아이 따라 다르다.'는 것은 말로 들어서 알기는 알겠는데, '왜 우리 아이가 늦는지 모르겠다.' 가 계속된다. 내가 무능한 엄마가 아닌가? 자신을 채찍질하기 시작한다. 엄마는 많은 생각을 한다. 아이는 엄마가 어떤 마음인지 알 길이 없다.

아이가 태어날 때 아기가 건강하기만 하면 다 감사하던 부모는 변한다. 이상적인 아이와 자기 아이의 발달 정도를 경쟁한다. 보이지 않는 자신만의 잣대를 가지고 아이를 억압한다. 선생님에게 미안도 하고 어떨 땐 아이가 바보처럼 보인다. '말만 잘하면 뭐하나, 대소변도 못 가리는데.' 잘하는 아홉 가지는 보이지 않고, 못하는 한 가지만 보인다. 아이가 잘하는 것에서 초점은 못 하는 것에 이동했다. 엄마의 조바심은 아이를 주체로 보지 않고 개조해야 할 대상으로 보기 시작한다. 조작할 대상인 것이다. 아이를 이제는 생각하는 인격체로 보지 않는다.

대소변을 가리면, 말을 못 한다고 한다. 말을 하게 되면 이젠 자기 이름도 못 쓴다고 비교한다. 유치원 가서 바보로 취급받으면 낙인효과가 있지 않을까 걱정이다. 까막눈이 되는 것은 아닐까 걱정보다, 빨리 못할까 봐 걱정이 앞선다. 그것은 이론을 기준으로 한 절대적인 기준이 아니다. 옆집 아이를 비교하며 상대적인 기준을 갖고 아이를 바라보니 한없이 멀게 보인다. 비난하면 아이가 하려고 할 것 같다. 종종 효과가 있었다. 부모의 욕구에 못 이겨 아이는 기계적으로 공부를 하게 된다. 공부를 자기가 하는 것이 아니라 공부를 해야 하므로 하는 것이다.

아이가 스스로 동기가 생길 때까지는 시간이 걸린다. 아이 내적 동기가 확실하면 하지 말라고 해도 아이는 책을 들고 공부를 할 것이다. 우리 동네에 어느 날 '공부연구소'라는 것이 생겼다. 공부 연구소는 공부는 왜 해야 하는지 아이에게 알려주는 곳이다. 3개월도 안 돼서 동네에서 찾아볼 수 없었다. 아이에게 왜 공부해야 하는지 동기를 부여하는 연구소는 학부모가 원하는 것이 아니었다. 학부모는 동기부여가 중요한 것을 안다. 머리로 글로 알고 있다. 현실은 아이가 공부만 잘하면 그만이다. 아이가 동기 유발이 되어서 공부를 하는지는 차후에 문제다. 공부를 해야 하는 동기는 설명해 주지 않는다. 공부를 해야 대접을 받는다는 생각은 엄마의 머릿속에 존재한다. 아이에게 인과관계를 설명해 주려니 부모 자신도 정확히 잘 모르는 경우가 많다. 회사 다닐 때 동료가 공부 잘하게 하는 노하우를 알려줬다. 아이들을 공부시키는 좋은 방법은 아이가 공부하려 하면 책을 버리거나, 안 보이게 하면 된단다. 애들은 하고 싶어서 숨어서 공부하게 된다고 한다. 그런 극적 방법도 효과가 있을 수 있다. 금지된 이유를 찾고 싶어 한다는 것이다. 금지된 것에 대해 호기심이 생긴다. 설명하지 않아도 금지된 것을 알려고 하는 본능이 있다. 하라고 멍석을 깔아주면 안 하는 것이 인간의 심리이다. 부모가 주가 되어 애달아 하면 아이는 공부가 더 싫어질 수 있다.

　똥인지 된장인지 먹어보고 평가하자. 부모가 가려주면 아이는 똥이라는 것의 부정적인 의미를 알지 못한다. 오직 빛만 안다면 빛을 다 안 것이 아니다. 빛에 응당한 그림자가 있다는 것을 알아야 자신에게 오는 불행도 헤쳐 나갈 수 있다. 알지 못한 것은 두려운 것이고, 경이롭기도 하다. 아이가 직접 경험하게 하자. 생명에 지장이 있거나 중독이 되는 것이 아니라면, 아이에게 선택권을 주라. 부모 입장에서 아이가 짠맛, 쓴맛, 매운맛, 등을 직접 경험하는 시간이 아까울 수 있다. 모든 맛을 알아야 단맛의 가치를 알 수 있다. 인생의 단맛만 안다면 아이는 인생 한 면만 보고 살 것이다. 인생의 여러 경험을 할 수 있도록 해야한다.

아프리카에 어느 부족은 아이가 걷기 시작할 때부터 칼을 가지고 놀 수 있게 내버려 둔다. 서투니 칼로 인해 상처가 나기도 한다. 칼에 의한 상처는 시간이 지나 아문다. 작은 상처들은 하나씩 경험이 되고 그것이 생명을 연장하는 힘이 된다. 원시림에 살아남으려면 칼을 사용할 수 있어야 하고, 본능적으로 위험을 피하는 방법을 깨우쳐야 한다. 도시에 사는 사람에게 필요 없지만, 정글에서는 집착적으로 작은 위험을 피해야 하기도 한다. 대다수 시간에 합리적인 강박증을 가져야 원시 밀림에서 살 수 있다. 그렇지 않으면 작은 불상사에도 다리가 썩어 나간다. 병원이 가까이 없기 때문에 깊은 상처는 죽음을 부르는 경우가 많다. 그런 연유로 칼을 돌 때부터 장난감처럼 사용한다. 위험을 알아야 대처하는 힘도 길러진다.

동양엔 여백의 미가 있다. 한때 나는 염료를 아끼려고 한 것으로 생각했다. 시간이 지나 의미를 알아보니, 여백에는 여러 가지 의미가 있었다. 보는 사람마다 그 여백을 마음으로 채워 넣는다. 여백은 모든 것을 담아낼 수 있다. 각자 생각을 담아내기도 한다. 감상하는 자에게는 자기 내면의 심리적 측면을 바라보는 효과도 있다. 생각하는 시간은 무궁무진한 그림의 여백과 같다. 그릇이 가득 차 있으면 아무것도 담지 못한다. 그릇이 비어 있어야지만 어떤 것이라도 담을 수 있다. 아이에게 빈 그릇 같은 생각할 시간을 줘라. 넋 놓은 것처럼 보이지만 그 시간이 포도알처럼 가득해 지면 마디마디가 풍요로워질 수 있다. 삶은 그렇게 채워진다는 것을 아이는 깨닫게 된다. 본인이 여백을 설명할 수 있도록 여유를 주자.

질문하고 답하는 시간을 더하라

학창시절 앙케트가 유행이었다. 내용은 개인적인 취향을 묻는 것이었다. '행복했던 순간은 언제인가요? 왜 행복하다고 생각을 했나요? 당신의 혈액형은 무엇인가요? 당신이 태어난 곳은 어딘가요? 좋아하는 이상형은 어떤 사람인가요? 산과 바다 중 어디가 좋나요? 이유는 뭔가요? 좋아하는 과목은 무엇인가요?' 등 앙케트를 받은 상대방은 질문에 맞는 대답을 적어 칸을 채운다. 친구에 대해서 알 기회임과 동시에 설문지를 작성하면서 작성자는 자신이 모르던 자기를 돌아보게 된다. 스스로 치유가 되는 과정이 되기도 했다.

영어회화 학원에 다닐 때도 치유 효과를 느끼곤 했다. 일주일에 있었던 일이나, 나의 성격 등을 묻고 답하는 과정에서 나를 돌아보기도 한다. 거기에서 의문이 생기고 내 생각을 알게 된다. 질문이 없었다면 그냥 되는 대로 살았을 것이다. 질문을 통해 삶을 살아가는 방향을 조정하게 된다. 정말 내가 원하는 것이 무엇인지 목표를 정하면 그쪽을 향해서 달려가게 된다.

네이버가 포털 사이트로 자리를 굳히는 과정에서 지식인이라는 질문 서비스가 많은 역할을 했다. 지식인 사이트에 '질문'은 현재도 많은 사람이 이용하고 활용도는 무궁무진하다. 포털사이트 네이버는 지식인을 기반으로 다수의 관심을 쏠리게 했다. 그 덕에 지식인 영역은 커졌고, 포털 사이트가 공고히 되는 초석을 마련할 수 있었다. 모르는 것이 생기면 사람들은 알고 싶어 한다. 앎에 대한 욕망은 사람들을 지식인을 검색하게 한다. 가까운 사람에게 직접 질문하지 않고 포털 사이트를 이용하는 이유도 있다. 포털 사이트는 질문자를 평가하지 않는다. 답변자는 질문자에게 대상으로 비난을 하지 않는다.

한국 사회는 질문을 권장하는 편이 아녔다. 유교 문화권 중에서도 예의와 격식을 따져 질문을 봉쇄한 것 같다. 시도 때도 없이 하는 질문은 눈치가 없다는 소리를 듣기 딱 좋은 사회 분위기가 깔려있다. 위계질서가 명확한 사회에서 윗사람은 모든 것을 알고 있다는 가치가 있다. 질문하면 아랫사람이 윗사람의 자리를 흔든다는 생각을 하고 있다. 타인의 질문이 받아들여지지 않는 사회는 발전이 어렵다. 질문 자체를 하극상으로 취급하는 경우도 있다. 질문 없는 사회는 죽은 사회에 가깝다. 그냥 만들어진 틀 위에 지식을 그대로 받아들인다면 변화하기 힘들다. 정체된 사회는 그렇게 썩어간다. 질문을 권유하는 사회는 선진국이고, 답을 말하라는 사회는 후진국이라는 말이 있다. 스스로 생각하고 결정을 내리는 의식을 가진 사람들이 많을 때 사회는 선전 화 될 것이다. 돈이 많아서가 아니라 의식의 성장이 선진국 국민으로 만든다.

"이거 뭐예요?"

궁금한 마음에 아이가 사람들을 따라다니면서 물어보면 80% 이상 어른들은 말한다.

"엄마 어디 있니?"

질문에 대한 답은 그들은 해 줄 생각이 없다. 어른들은 아이가 자신에게 하는 질문을 하찮게 받아들이곤 한다. 궁금한 것을 물어보는 것인데, 답은 아이에게 엄마 어디 있는지 물어본다. 왜 여기서 나에게 물어보냐고 아이에게 묻는다. 사회 대부분이 질문을 받아들일 여유가 없다. 당연히 준비되어 있지도 않다.

아이가 대롱 과자를 손가락에 끼우고 먹고 있다. 보여준 적도 없는데 스스로 하는 것이 기특했다.

"손가락에 대롱 과자를 끼운 거야?"

"네, 그래요. 반지예요. 예쁘죠?"

손가락에 대롱 과자를 끼우고는 아이는 자부심에 충만했다. 질문을 통해 연상 능력도 생긴다. 본인이 지금 뭘 하고 있는지 생각하고, 확장할 수 있게 된다. 새로운 질문을 하면 아이는 그다음 내용을 생각하면서 빈칸을 메워나간다. 자기 세상의 영역을 넓힌다. 질문이 의미를 연결해주는 징검다리 역할을 한다.

필자는 휴일과 주말 없이 독서 모임을 했다. 독서모임의 특징상 설명보다는 책을 보고 질문과 답하는 과정이 대부분이었다. 같이 공부하던 지인 중 A는 귀납 식으로 이야기했다. 본론으로 가기까지 오래 걸렸다. 그러다 보니, 처음에 시작한 이야기와 다른 방향으로 가버려 사람들이 어느 순간 '이건 뭐지?'라는 생각이 들게 했다. 대부분 토론에서 A는 처음 말하기 시작한 내용과 다르게 삼천포로 빠지곤 했다. A가 40일 정도 매일 아침 모임을 나오면서 어느 순간 그가 달라지기 시작했다. A는 질문하면 다시 대답하고 대답 후 스스로 질문하곤 했다. 그런 시간이 쌓였다. 하고자 하는 말을 연역법으로 대화를 진행하면서 논거도 명확해졌다. 논리 정연한 이야기를 하기 시작했다.

질문이 많아지면 양이 늘지만, 양이 늘어나는 만큼 질도 좋아진다. 양이 늘면서 질도 상승함을 증명한 실험이 있다. 논문의 질을 중요시하라고 지시한 질을 우선한 집단 A와 질보다 양의 많음을 지시한 집단 B가 있다. 결과적으로 양을 강조한 집단 B가 질도 좋은 논문이 나왔다. 이 실험을 대비해서 비교해 본다면 질문도 많이 하면 많이 할수록 질문의 질도 높아진다고 볼 수 있다. 암기 위주의 지식사회에서 우리는 질문은 배척의 대상이다. 요지는 암기하면 다 알 수 있는 것을 왜 묻는다는 것이다. 물음의 기능은 단순한 지식에서 그치는 것이 아니라, 지혜를 얻는 것으로 확장된다. 삶은 지식을 넘어 지혜의 영역이 되어야 잘 풀린다.

산업화 시대에서 질문은 환영받지 못했다. 지식 주입식 환경에서는 '복사해서 붙이기' 인간으로 충분하다. 지식 복사 후 실생활에 대입하면 사회가 적당히 운행되었다. 복사해서 붙이기 시대는 지나가고 있다. 복사해서 또 복사해서 연결하고 응용하는 시대다. 다른 사람에게 질문하거나 본인 스스로 의문을 갖고 답을 찾아야 한다. 현재 4차 산업 환경은 다양성이 공존하고 있다. 몇 년 동안 잘 사용하던 기술이 순식간에 사장될 수 있는 시대이다. 그래서 자신이 잘하고 있는지 질문을 해야 한다. 지금 우리가 제대로 가고 있는지 묻고 또 물어야 해결이 된다.

집에서 달걀 하나 삶을 때도 질문을 해야 한다. '안 터지게 삶으려면?' '그래, 식초와 소금을 넣어보자.' 질문은 자신에게 습관에서 벗어나 다른 행동을 하고 새로운 결과를 낳는다. 질문의 결과물로 달걀을 매끈하게 까기 쉽게 되었다. 또 다른 질문이 생긴다. '달걀 노른자가 한쪽으로 쏠림 없이 중앙으로 균형을 잡기 위해서는 어떤 방법이 있을까? 답이 나온다. 굴리면 노른자가 예쁘게 될 것이다. 결과물은 질문한 만큼 나온다. 삶은 달걀이다. 질문은 달걀 하나 삶을 때도 질문 전과 다른 결과를 보여준다.

에어컨의 전원이 계속 떨어진 적이 있었다. 한참 운행하는 중에는 그런 현상이 없었다. 켜자마자 외부 전기가 공급될 때 전원이 떨어지곤 했다. '전원 소모가 갑작스럽게 되면 저항의 크기도 커지는 것이 아닐까? 하는 질문과 혼자만의 답을 하고 있다. 공부는 스스로 질문을 하는 과정이다. 그렇지 않으면 깊은 학습이 되지 않는다. 내 생각은 아직 가설이다. 가설을 만들어가는 과정도 중요하다. 답이 확실하지 않으면 가설을 통해서 시도해서 다시 질문을 유추한다. 의사들은 정확한 진단을 위해 문진을 자세하게 한다. 문진을 통해 병의 원인과 증상을 알 수 있다. 만일 문진 없이 환자의 병세를 맞추어야 한다면 오진이 많을 것이다.

대부분 사람은 습관처럼 같은 행동을 하는 경향이 있다. 같은 습관으로 실수를 하면서도 왜 그런지 알려고 하지 않는다. 많은 경우 자신이 모르는 것을 상대방에게 묻지도 않는다. '바보처럼 보일까 봐. 내가 아는 것이 고작 이것밖에 없다고 놀림 받을까 봐.' 묻지 않는 삶이 묻는 삶보다 그 순간은 편하다. 하지만 하루만 살고 가는 인생이 아니다. 인생 전체를 돌아보면, 순간순간 질문이 자기 전체 삶을 풍요롭게 해 준다.

예전 평균수명 50세인 시대는 인생의 대박 기회 3번이란 말이 있었다. 평균수명이 120세가 넘게 살 것으로 추정한다. 대박 기회가 6번보다 더 많지 않을까? 대박 기회를 잡기 위한 행동으로 옮기려면 그때마다 본인을 설득해야 한다. 한번 배운 지식만으로 활용해서 살기에는 삶이 아주 길다. 그때마다 누구에게 답을 얻으러 다닐 것은 아니지 않은가? 스스로 질문하고 방법을 찾아야 할 것이다.

삶은 우리에게 끊임없이 질문을 유도한다. 존재는 우리에게 계속 묻는다. 내 안의 신은 언제나 질문한다. 질문하는 순간 우리는 신을 영접하는 것이다. 내가 묵묵부답이면 의미는 상실한다. 의미 있는 삶을 원한다면, 질문이 답이다. 질문은 논리적인 사람으로 만든다. 설명이 아닌 질문으로 교육하는 것이 유대인 하브루타의 핵심 내용이기도 하다. 질문은 뇌 구조를 변화시킨다. 질문 습관을 만들어지면 특별히 물리적 환경을 마련하지 않아도 아이는 변화된다.

자극을 주라

예전보다 빨리 찾아온 여름이다. 낮 2시에서 4시 사이 가장 덥다고 하는데, 아침부터 데워진 바닥부터 뜨거운 기운이 올라온다. 폭염주의보가 문자로 전송된다. 대한민국 전체가 아열대로 변하고 있는 듯하다. 가까운 바다에 포획되는 어류 종류는 아열대 물고기로 변하고, 어획량 역시 차이가 나고 있다. 과실수에 분포도도 변화가 생기고 있다. 실내 에어컨 아래 있을 때는 몰랐는데, 암벽등반을 한다고 밖에 나와 있으니 선풍기를 아무리 세게 해두어도, 나오는 바람도 뜨거워서 오히려 답답함을 더했다.

"서 있기만 해도 너무 더워."

여기저기 스마트폰에서 울리는 비상속보에 짜증이 난다.

"더운 야외에서 뭐 하는 건지!"

가만히 자리에 앉아 있어도 이마에 땀이 줄줄 내려온다. 이마 쪽 선크림이 땀에 섞여서 눈 안으로 들어왔다. 더운데 눈이 충혈되어 고통스럽다. 운동을 왔으니 하고 가야겠다는 마음에 벽을 올라가는데, 손, 이마, 등, 겨드랑이의 땀이 범벅이다. 올라갈수록 벽의 열기에 숨도 가빠진다. 목구멍이 탁탁 막힌다. 날숨에서 나오는 열기가 더해진다. 눈이 어질어질하다. 벽을 올라가지 않고 줄에 매달려 내려가는 동안에도 등엔 땀이 가득하다.

"이거 드세요."

옆자리에 새로 온 회원이 내민다. 살얼음 동동 뜬 복분자 음료다. 한 모금 마시니 고통이 기쁨으로 바뀐다. 몸 안의 세포가 깨어난다. 극과 극으로 기분이 달라진다. 짜증 내다가 시원한 음료 한 모금에 기분이 좋아진다.

"여기 와서 이거 드세요."

다른 회원이 준비해 온 수박이 듬성듬성 썰어져 있다. 탁자로 걸어가 수박을 먹는다. 한 입 베어 무니 구름을 걷는 기분이다. 더운 날 시원한 음료와 과일에서 느끼는 기쁨은 보통 날씨에 비교해 기쁨은 배가 된다. 시원한 수박은 폭염 속 고통을 순식간에 기쁨으로 만들기 충분했다. 서 있기만 해도 더운 날, 얼음물 한 컵으로 감각이 깨어난다.

내가 고등학생 때 가족 중 자연계 출신은 아버지뿐이었다. 주말 공부 할 때 미적분 같이 풀리지 않는 문제가 나오면 답답함에 미칠 것 같다. 화학전공인 아버지가 올 때까지 기다렸다. 어릴 땐 주말도 없이 바쁜 아버지가 오면 손에 들고 있는 초코파이도 달콤했다. 이젠 그보다 미적분에 풀이과성을 설명 들으면 더 행복했다. 질문의 답해주는 사람 덕에 의문이 풀릴 때는 놀 때 느끼는 즐거움과는 다른 차원의 기쁨을 느낀다. 어찌 보면 보석을 캐내는 과정과 비슷하다. 어둠이 가득 깔렸을 때 작은 빛줄기 하나로 자극을 받는다. 더위로 고통의 정점에 있다가 먹는 시원한 자극과 답답함의 정점에 있을 때 찾아온 후련한 풀이 과정으로 쾌감을 느끼는 그 순간은 행복이 된다.

임신 중에 태아 뇌에도 자극을 주기 위해 노력하며, 아이가 태어나면 흑백 모빌을 침대 위에 두고 두뇌 성장의 박차를 가한다. 의성어와 의태어로 된 동시를 시도 때도 없이 읽어준다.

'따끔따끔 주사 아파요?' '꿀떡꿀떡 먹어요.' '데굴데굴 굴러가네.' '엉덩방아를 쿵 엉덩방아를 쿵 했어요.' 언어의 리듬감을 통해 음악 자극을 준다. 아이는 반응하고 사회적 관계를 습득한다. 여러 자극을 통해 뇌 영역이 넓어진다. 매일 오는 길이지만 다른 길로 가보는 방법을 시도해 보자. 새로운 자극을 만날 수 있을 것이다. 다른 길로 가면 다양한 자극을 받을 수 있다. 여행을 가는 장점 중의 하나는 새로운 자극을 받을 수 있다는 것이다. 여행을 가면 낯선 장소에서 우리는 몸과 마음이 긴장하게 된다. 다른 곳이므로 감각이 살아난다. 여행지가 우리를 새롭게 한다. 낯선 곳이므로 그곳을 대할 때 감각이 예민해지는 것이다. 오랜 인간의 유전자에 낯선 것을 경계하는 본능이 우리에게 새로운 자극에 예민하게 하는 것이다. 그것을 역으로 이용하면 감각을 통해서 살아있음을 극대화 시킬 수 있다.

여행은 줄곧 살아왔던 익숙한 곳이 아니다. 여행지는 다양한 변화를 볼 수 있는 곳이다. 산, 바다, 계곡 등을 가면 아이는 자연을 만난다. 그 덕에 자연을 통해 아이의 감각을 다듬을 수 있다. 책과 자연을 비교해서 살펴보자. 교육 중심 매개체가 책인 유대인이 있다. 유대인은 인종대비 노벨상을 가장 많이 받았다. 그런 유대인의 교육 중심은 책이다. 책은 직접 경험을 하지 못하는 부분을 간접적으로 알게 해준다. 종교적 문제로 인해 다른 사회와의 접촉이 제한된 경우가 많았던 유대인이다. 이런 저런 역사적인 배경이 되어, 책은 세상을 연결해 주는 도구가 되었다. 게토는 집단 유대인 거주지역이다. 중세 이후 유럽 각 지역에서 유대인을 강제 격리하기 위해 설정한 유대인의 거주지역이다. 종교적인 문제로 그들이 사는 곳에 집단주거지로 정해져 있기도 했었다. 20세기에는 그마저 살 수 있는 장소가 없어서 숨어 지내기도 했다. 그 시절에는 외출은 꿈속이나 죽어야만 가능했다. 직접경험을 하기 어려워 책을 열심히 읽어야 경험자산을 늘릴 수 있었다. 큰 꿈을 펼치기 위해서는 책은 경험을 늘릴 수 있는 유대인에게 유일에 가까운 매개체였다.

유대인과 달리 자유 대한민국은 어디든 갈 수 있다. 직접경험을 통해서 감각을 끌어 올릴 수 있다. 우리나라는 봄, 여름, 가을, 겨울 계절도 확실히 즐길 수 있고, 그에 맞는 아름다운 자연환경이 있다. 자연을 즐길 수 있는 것은 축복이다. 계절은 순환하고 아이는 자란다. 아이 자신의 감각으로 4계절을 충분히 즐긴다면, 자연에서 배우는 자신감도 덤으로 획득할 수 있다.

의무감으로 부모는 무언가 해주어야 하는 것을 찾는다. 의무감을 내려두고 자연스럽게 계절을 느낄 수 있는 곳으로 가보자. 여름이면, 여름을 즐길 수 있는 곳에 간다. 산과 바다에 가서 자연의 향기를 마셔보자. 계곡에 발을 담가 본다. 겨울이면, 눈을 이용해 함께할 수 있는 스포츠를 즐기는 것도 좋다. 일상의 감사함을 계절과 자연을 통해 얻을 수 있다. 추우면 따뜻한 집이 있어서 감사하고, 더우면 한 컵의 시원한 물에 고마움을 느낀다. 계절 스포츠를 통해 아이의 근육발달도 하고 계절 변화를 깨달을 수 있다. 전인적 발달은 자연과 병행할 때 좋은 결과를 얻을 수 있다. 우주의 거대함과 바다의 깊이는 자연에서 직접 느끼면 호기심 영역은 넓어진다. 직접 경험 후 더 깊은 지식을 찾고자 할 때 아이들은 자연스럽게 책을 찾게 된다. 그때 책은 자기 호기심을 채우기 위한 좋은 매개체가 된다.

계절마다 모습이 바뀌는 자연에 아이를 위탁해 보자. 목적지에 가서 밥만 먹고 떠나는 그런 SNS에 올리기 위한 알리기 위함이 아닌, 아이가 탐구할 수 있는 다양한 자극이 있는 자연에 아이를 풀어놓자. 들판에 풀어놓으면 아이는 탐색을 시작한다.

더불어 지역사회를 알 수 있는 곳에 경험을 쌓아보자. 지식의 갈망은 호기심의 크기만큼 커진다. 가까운 지역 박물관에는 지역사회를 볼 수 있는 자료가 마련되어 있다. 그 지역에 있는 역이나 성 등을 만들어 보는 퍼즐도 있다. 보고 만지면서 자극을 받는다. 그런 경험이 기억으로 남아 공부에 자신감으로 나타나기도 한다. 냄새를 맡으면서 그곳을 기억한다. 시간을 거슬러 옛사람이 쓰던 활을 쏘아 본다. 자신이 경험하는 세계가 넓어지면 비례해서 관심의 원지름은 늘어난다. 관심의 원둘레만큼 호기심이 늘어난다. 직접 경험해 보면 아이는 호기심이 발동할 것이다. 아이마다 속도의 차이가 있을 뿐 대부분 아이는 자극을 받으면 궁금증도 함께 자란다. 보고 작동하고 느껴보고 맛보고 즐겨보면서 관심 영역이 지름에 비례해서 상승한다. 궁금한 것이 있으면 스스로 탐색하고 연구하게 된다. 지역 곳곳에 있는 역사, 문화 체험을 독려하자. 아이 삶 전체의 큰 자산이 될 것이다.

30대 지인 A는 자신은 정글 탐험을 사업화하고 싶어 한다. 남성들에게 인간의 원초적인 자극을 주고 싶다고 했다. 정글이 남자들의 탐험 본능을 일깨울 것이라고 한다. 남성들은 사회적 일탈 하고 싶지만, 체면과 법적 허용 범위 안에서 해소되지 못한다. 그로 인해 고통스러워하는 사람들이 있다는 것이다. 탈출구를 마련해 주면 해소되지 않은 욕구들이 해결될 것이다. 사회에서 허용되지 않는, 불미스러운 일들도 많이 줄어들 것이라고 했다. 자연을 통한 경험은 아이의 정서도 쓰다듬어 주는 효과도 있다. 자연은 인간의 감성을 자극하고 안정감을 가져다준다.

아기 스스로 이유식을 먹으면 손과 눈을 사용하게 된다. 손과 눈의 협응을 통해 아기 뇌를 자극한다. 자극에 대한 반응을 자신이 선택하고 결과를 체험하는 과정에서 사건의 인과관계를 배울 수 있다. 아이 스스로 실험정신이 생긴다. 어떤 사건에 대해 의문과 호기심이 생긴다. 탐색과 연구하는 자세는 자극을 통해 길러진다. 신선한 자극은 논에 물을 대준 것과 같이, 자극으로 인해 머리 회전이 좋아진다. 물 순환이 좋아지면 곡식이 무럭무럭 자라듯 생각하는 능력의 크기도 자란다. 우물 안 개구리 같은 삶이 아닌 더 넓은 삶을 경험 가능하다. 그에 맞는 면역력이 생긴다. 오래 사는 축복을 충분히 누리려면 많은 자극을 즐기면 정신적 면역력을 키워야 한다. 삶이 풍요로움만 있으면 아쉬움을 느낄 수 없다. 결핍에 대비해 풍요를 느낄 수 있고, 자연의 변화에서 인류가 놀라운 발전을 해왔음을 다시금 감사할 수도 있다. 더운 여름날, 자신을 극한으로 몰아넣었다가 물 한잔을 통해 삶의 희로애락을 알아차릴 수도 있다. 자연에서 배울 수 있다면 많은 것을 얻을 수 있다. 아이에게 자연의 자극을 주라. 인공물에 자극과 달리 더 많은 계획되지 않은 다양성을 경험할 수 있다. 적당한 결핍을 체험하게 하라. 결핍 경험하면서 풍요로움을 절실히 느낄 수 있다. 직접적인 경험을 할 수 있도록 독려하는 것만큼 아이의 생각 크기는 자라난다.

정신적 지지를 보태라

걸음마를 시작하는 아이가 첫발을 내디딘 모습을 바라보는 부모는 역사적 순간을 놓칠세라 영상을 찍고 사진으로 간직한다. 부모의 탄탄한 지지를 받고 신뢰를 바탕으로 아이는 다음 발을 뗀다. 아이는 부모가 '나를 지지하고 있다.'고 믿는다. 내가 넘어져도 도와줄 것이고, 언제나 나를 응원할 것이라고 느낀다.

"엄마에게 와 보렴."

아이는 엄마를 바라보며 한 발짝 뗀다.

"잘했어!"

엄마는 아이를 안아준다. 토닥여 준다.

"여기까지 와보렴. 잘했네!"

아이가 어릴 땐 부모는 조그만 행동 변화에도 민감하게 반응하며 지지한다. 아이가 크면서 부모는 무덤덤해진다. 다른 아이도 하는데, 우리 아이가 하는 것은 당연하다고 여긴다. 오히려 다른 아이 다하는데 네가 못하는 건 큰 문제라고 다그친다.

　의식주를 해결해주는 부모 역할 다음에는 아이를 보호하고 지지해 주는 역할을 하게 된다. 낯선 무엇이 다가오면 부모가 지켜준다는 믿음이 있어야 아이는 안정감을 갖게 된다. 예를 들어, 개가 이빨을 드러내며 아이에게 달려오면 아이는 부모를 찾는다. 부모가 아이에게 오는 부정적 모든 자극에서 보호해주길 바란다. 아이를 지켜준다는 믿음의 상징적인 존재가 부모이다. 부모가 그런 역할을 못 해줄 때 문제가 불거져 나온다. 아이가 지지를 원할 때 부모는 아이의 손을 잡아 줘야 한다. 대다수 부모가 그런 역할을 해주지만, 어떤 때는 제삼자보다 못한 경우도 있다. 아이 잘되라고 한 일이지만, 아이에게 고통을 주게 될 수도 있다. 부모는 어느 순간 부모 욕심이 가득 차 아이를 있는 그대로 보기보단 학업 성적만 보고 비난한다. 등수로만 아이를 평가하기도 한다. 아이는 빠지고 외부의 평가에만 아이를 몰아넣는다. 부모는 아이를 지지하지만, 학부모가 되면서 아이에게 공부를 잘하라고 채찍을 휘둘러서 마음 깊이 상처를 주기도 한다. 상처를 주더라도 치료해주고 함께 나아갈 방향을 제시하는 지지를 해주는 시간이 필요하다.

　2011년 3월 서울 소재 한 고등학교 3학년이 1등을 해야 한다고 자주 폭력을 행사하던 엄마를 살해했다. 학생의 어머니는 '서울대 법대에 가야 한다.' '전국 1등을 해야 한다.' 말을 자주 했다. 학생은 어머니가 무서워 성적표를 위조하기도 했다. 어머니는 '네 의지가 약하다.'라고 말하며 아이를 야구방망이와 골프채로 때렸다. 대입 스트레스에 어머니와의 갈등이 극단적 모습으로 나타난 것이다. 매질을 피하려고 공부에 매달리게 되는 아이는 때리는 어머니에게 적대감을 느끼게 된 것이다. 결국 그 학생은 어머니를 살해하고 말았다. 그렇게 해서 엄마가 휘두르던 폭력은 끝이 났다. 1등을 하거나 못해도 사랑하는 아들이었을 텐데, 이런 일은 미리 방지할 수 없었을 건가.

가족을 사고로 잃은 남성이 있었다. 공원에 앉아 있는 남자 옆에 옆집 아기가 조용히 다가왔다. 아이는 남성을 조용히 쳐다보았다. 그러곤 옆에 와서 살짝 앉았다. 오랜 시간 아이는 남자 옆에 앉아 있었다. 어른들은 어떻게 그를 위로해야 하는지 모르고 있었지만 아이는 직관적으로 알고 있었다. 남자는 오랫동안 슬픔에 잠겼지만, 아이가 옆에서 조용히 함께 있는 것으로 지지를 받았다. 조용히 옆에서 상대를 지켜봐 주는 것으로 치유되는 경험을 한다. 상대 감정을 이해하고 기다려주는 것이 온 마음으로 상대를 인정해 주는 것이 아닐까. 조용히 옆에 있는 것만으로 서로에게 힘이 되는 관계가 인간 마음을 치유해 주기도 한다.

2017년 5월 국내 반려동물 인구가 천만 명에 도래했다. 반려동물 문화가 아직 정착되지 않아서 그런지 사건 사고가 적지는 않다. 그런데도 많은 사람의 삶에 반려동물이 빠르게 자리를 잡고 있다. 대다수의 경우 반려동물을 데리고 갈 수 있는 곳도 제약이 있다. 여행을 가려고 반려동물을 맡길 동물 호텔 비용도 만만치 않다. 의료보험도 따로 없으니, 링거 하나도 사람이 맞을 때 보다 비용이 더 들어간다. 그런데도 반려동물이 사람들에게 환영받는 이유는 무엇일까, 아마도 반려동물을 키우는 효과는 상호작용을 통해 심리적 지지를 받는다. 그래서 큰 비용이 들어도 아낌없이 반려동물을 위해 지급한다. 비용에 상관없이 반려동물에게 아낌없이 보살핌을 주고 치료를 한다. 반려동물은 자신이 슬프고 우울할 때 언제나 옆에서 지지해 준다. 저절로 마음의 치유가 된다. 힘들 때 강아지가 걱정되는 눈으로 쳐다 만 봐도 마음에 평안을 얻는다. 미안하다는 말을 들어야 할 때 미안하다고 듣지 못하면 다른 일에서도 화가 치밀 수 있다.

동물이 그 허전함을 채워주기도 한다. 화가 나는 마음을 안정적으로 만들어 주기도 한다. 인간은 자신의 마음을 지지해 주는 것을 통해 삶을 살아갈 수 있게 한다. 좌절에서 다시 일어나게 해주는 지지대 역할을 해준다.

정신적 지지를 받고 싶은데 적절할 때 받지 못하면 사람들은 좌절하기도 한다. 지지받지 못하면 사람들은 스스로 비난하거나 세상을 비판하는 데 마음을 사용한다. 지지를 못 받았을 때 자신을 해하거나 다른 대상이나 타인을 해치기도 한다. 인간은 마음을 주고받으면서 새로운 힘을 얻는다. 마음을 나눈다고 줄어드는 아니고 나누면 배가 된다. 아이가 변화를 헤쳐 나갈 수 있는 마음의 힘이 중요하다. 아이 안에 있는 성장하는 힘을 믿고 아이를 지지해주면 마음의 힘을 얻을 것이다.

1954년 하와이 카우아이섬의 아이들을 대상으로 '어떠한 원인이 사람을 망가뜨리는가?'에 대해 연구를 시작했다. 임신한 여자를 연구대상으로 삼았는데 1954년 태어난 아이를 대상으로 하기 위함이었다. 모두 다 참여하는 전수조사를 시작했다. 무려 40년간 진행되었고 에이미 워너 교수는 정말 놀라운 발견을 하게 된다. 고위험군 아이들만 201명을 골라냈는데 무려 72명의 예외가 발견됐다. 의외의 결과를 보고 연구 방향을 바꾸어 주제를 정하게 된다. '무엇이 그들을 역경으로부터 지켜주었는가?'를 연구 주제로 정했다. 역경을 이겨낸 그들은 공통직 요소가 있었다. 어려서부터 전적으로 신뢰하고 시시해주었던 어른이 반드시 한 명은 있었다. 그 사람이 아이의 정서적 지원자가 되었다. 이 실험은 결과적으로 지지해 주는 한 사람이 있다는 것은 아이의 인생이 엇나가지 않게 지탱하는 힘이 되어주었다는 것을 보여주었다.

교육에 관한 초창기 연구는 정서와 연관성이 거의 없었다. 최근 많은 연구에서 정서가 학습에 영향을 미친다고 결과가 말하고 있다. 정서적 안정감은 학습에 몰입할 수 있게 한다. 정서가 안정되어 있으면 감정적 기복으로 인한 에너지 소모를 줄인다. 그 에너지를 충분히 공부하는 것에 사용할 수 있다. 몰입할 수 있는 정서적 바탕이 학습에 긍정적 효과를 발휘한다.

여러 사람에게 '좋은 사람'이라 말을 듣는 경우는 소통능력이 높을 가망성이 높다. 인간관계를 잘하는 사람이 정신적으로 건강한 사람이다. 감정을 소통하는 것이 다른 사람보다 월등히 나은 경우다. 감정 변화에 부드럽게 대처할 수 있는 사람이 진정으로 강한 사람이다. 인간관계를 잘하는 사람은 역경을 딛고 일어난다. 그렇게 보이지 않는 것이 보이는 것을 지배한다. 중력이 보이지 않지만 모든 사람에게 적용되는 것과 마찬가지이다. 지지하는 효과는 쉽게 나타나지 않는다. 마음 근육은 과학적으로 측정할 수 없는지 모른다. 많은 연구 결과는 마음으로 지지하는 것은 아이의 정서를 안정시키는 큰 역할을 한다고 말하고 있다. 부모가 없는 아이들도 타인 지지를 받은 경우 정상적인 사회활동이 가능했다. 학습 역시 지지해주는 성인이 있다면 그 정서적 안정감으로 몰입도가 커진다.

어려움이나 실패가 없는 것이 성공한 삶을 의미하는 것이 아니다. 성공은 역경과 시련을 극복한 상태이다. 이겨낼 수 있는 잠재된 힘, 심리학자들 말에 의하면 마음의 힘은 마음의 근력으로 강해지는 것과 같다. 근력에 따라 들 수 있는 무게가 다르듯, 견뎌낼 수 있는 마음의 무게도 정해져 있다. 근육을 단련하듯 마음도 훈련으로 단련시킬 수 있다. 인간이 어떤 요인으로 사회적 부적응자로 만들어 불행한 사람을 이끄는가이다. 하루에 얼마나 많은 지지의 행동이나 언어를 사용하는가? 아이에게 화를 내고 울다 지친, 잠든 아이를 보고 후회하기도 한다. 반성하는 마음으로 아이를 지지를 보여주는 것을 하나씩 해 보는 것도 좋을 듯하다.

심심함을 더하라

2014년 10월 27일 서울시청 앞 잔디밭에서 열린 '제1회 멍 때리기 대회'가 열렸다. 심장박동 수를 측정하고 관람하는 시민의 투표수에 따라 누가 더 '멍 때리기'를 잘하는지를 평가해 우승자를 뽑는다. 멍 때리기 대회 인기는 중국으로까지 이어져 중국 곳곳에서 열리고 있다.

아이가 심심해하면 부모는 부모로서 책무를 다 하지 못한 것 같은 불편함이 밀려온다. 심심하게 해서 미안하다는 생각을 하게 된다. 무엇인가 하도록 권유해야 할 것 같아진다. 어떤 걸 할 수 있도록 권해야 할 것 같기도 하다.

이제껏 우리 사회는 쉬지 않고, 무언가 열심히 하는 것을 권장하는 사회다. 지금껏 성실 근면함이 산업사회의 중요한 덕목이었다. 그전에 농경사회 역시도 '일하지 않는 자, 먹지 말라' 라는 격언이 존재한다. '멍 때리고 있는 것'은 한심한 것으로 치부되곤 한다. 아무것도 하지 않고 있는 아이, 창밖을 멍하니 바라보는 아이, 놀이터에서 멀리서 지켜만 보는 아이들에게 어른들은 의도적인 활동을 하라고 권한다. 공부하라던가, 뛰어놀아라. 책을 보거나 함께 놀라고 의도적으로 몰아넣는다. 우리 속담에도 '노느니 이 잡는다.'라는 말처럼 '무언가 하는 것'이 미덕이었다.

부모가 아이를 뭔가 하도록 밀어 넣지 않아도 아이는 자신이 심심함이 싫으면 놀 것을 찾는다. 놀 친구가 없으면 학원을 선택하거나 함께 놀 수 있는 친구들을 찾아 나설 것이다. 누구나 언젠가 혼자 결정하는 외로운 시간은 오게 되어 있다. 그때마다 타인이 활동을 골라준다면, 아이는 어른 의존도가 높아진다. 혼자 있기도 힘들어하고, 잠깐 재미가 없으면 가만히 있지 못한다. 다른 사람과 같이 있어도 재미없으면 고통스러워한다. 스스로 외롭고 심심함을 온몸으로 경험해 볼 수 있는 것은 어떤 면으로 정신적 성장에 도움이 된다. 심심함은 목적의식이 생기게 하는 것에 한몫한다. 심심한 놈이 우물 판다. 넋 놓은 상태에서 많은 발견이나 창조물이 나오기도 한다. 번 아웃 되기 전에 멍하게 우주로 생각을 전송해보자. 뇌는 자동으로 쉬라고 '넋 놓기'를 선물하는 것이다. 넋 놓는 시간에 뇌가 잠시 쉬라고, 멍 때리기는 정신 나간 것처럼 한눈을 팔거나 넋을 잃은 상태를 말한다. 지금껏 멍한 상태는 비생산적이라서 부정적으로 받아들였다. 역사에서 넋 놓음 덕에 세상을 변화시킨 아이디어들이 많이 찾아볼 수 있다. 놀라운 발견은 그렇게 정신 놓았을 때 더 선명해지기도 한다.

그리스 수학자 아르키메데스는 헤론 왕으로부터 자기 왕관이 순금으로 만들어졌는지 조사해달라는 부탁을 받는다. 거기엔 단서가 붙어있다. '왕관을 녹이거나 부수지 않고 알아내야 한다.' 그것이 그에게 주어진 문제였다. 그는 고민에 빠진다. 어느 날 그가 목욕탕에서 몸과 마음을 편안하게 할 때 아이디어가 떠올랐다. 과학자인 뉴턴은 사과나무 아래 멍하니 앉아있다, 사과가 떨어지는 것을 보고 만유인력의 법칙을 찾는다. 철학자 칸트는 산책을 좋아했다. 최고의 경영인으로 불리는 잭 웰치도 매일 1시간씩 창밖을 멍하니 바라보는 시간을 가졌다. 책상 앞에서 머리를 쥐어짤 때보다는 멍하니 있을 때 불현듯 좋은 아이디어가 떠오르는 때가 많다. 미국 발명 관련 연구기관이 조사한 바에 따르면 미국 성인 약 20%는 자동차에서 가장 창조적인 아이디어를 떠올린다고 한다. 뉴스위크는 IQ를 쑥쑥 올리는 생활 속 실천 요령 중 하나로 '멍하게 지내라'를 꼽았다.

40대 지인 A는 넋 놓는 것을 한 적이 없이 어릴 때부터 바쁘게 살았다. A의 어머니는 A에게 심심할 시간을 주지 않았다. 다양한 활동을 쉬지 않고 했다. A의 어머니는 사람들이 넋 놓는 것을 보면 한심해 보인다고 했다. 다음 계획이 있어야 안심이 되었다. 한시도 쉬지 않는다. 여가로 취미 생활을 해도 촘촘하고 빡빡한 일정을 소화해야 불안한 마음을 내려놓을 수 있었다. 그런 어머니 아래에서 자란 40대 A는 자신 시간에 '심심함'이 들어올 수 없게 했다. 외부 활동이 힘들어 집에 가서 쉬어야 한다는 마음을 먹으면 5시 30분부터 '명상' 행위를 해야겠더라고 생각하고 집으로 달려간다. 언제나 다음 계획이 있었다.

어느 날 오후 5시에 A는 잠이 들었다. 아이의 밥을 준비해야지 하면서 일어났는데 6시였다. 아이가 방에서 자고 있었다.

"언제 들어왔어?"

아이는 어리둥절한 얼굴로 엄마를 쳐다본다.

"엄마, 왜 그래?"

A는 아이의 반응이 이해가 되지 않았다. 아이의 말은 엄마가 밥을 해 주고 11시쯤 잠이 들었다는 것이다. A는 기억이 나지 않는다. 어젯밤에 있었던 일들이 기억에서 몽땅 사라진 것이다. 본인이 일어나서 아이들에게 저녁을 차려주었

던 기억이 없어졌다. A는 자신이 삶에 쉼이라는 것이 없다는 것을 알았다. 쉼 없는 삶으로 자기 기억이 통째로 블랙홀로 들어가 버렸다. 그 일은 A에게 넋 놓는 지내는 것의 필요성을 알게 되는 계기가 되었다.

미국의 뇌과학자 마커스 라이클 박사는 2001년 논문을 발표한다. 뇌 영상 장비를 통해 사람이 아무런 인지 활동을 하지 않을 때 활성화되는 특정 뇌 부위를 밝혔다. 이 특정 부위는 골몰이 생각할 경우 오히려 활동이 줄어들기까지 했다. 뇌 안쪽 전전두엽과 바깥쪽 측두엽, 그리고 두정엽이 바로 그 특정 부위에 해당한다. 라이클 박사는 뇌가 아무런 활동을 하지 않을 때 작동하는 이 특정 부위를 '디폴트 모드 네트워크(default mode network ; DMN)'라고 한다. 컴퓨터를 초기화하게 되면 초기 설정(default)으로 돌아가는 것처럼 아무런 생각을 하지 않고 휴식을 취할 때 바로 뇌의 디폴트 모드 네트워크가 활성화된다.

DMN은 일과 중에서 몽상을 즐길 때나 잠을 자는 동안에 활발한 활동을 한다. 즉, 외부 자극이 없을 때이다. 이 부위의 발견으로 우리가 눈을 감고 가만히 누워 있기만 해도 뇌가 여전히 몸 전체 산소 소비량의 20%를 차지하는 이유가 설명되기도 했다. 그 후 여러 연구를 통해 뇌가 정상적으로 활동하는 데도 DMN이 매우 중요한 역할을 한다는 사실이 밝혀졌다. 이는 자기의식이 분명치 않은 사람들의 경우 DMN이 정상적인 활동을 하지 못한다는 것을 뜻한다. 스위스 연구진은 알츠하이머병을 앓는 환자들에게서는 DMN 활동이 거의 없으며, 사춘기의 청소년들도 DMN이 활발하지 못하다는 연구 결과를 발표했다.

이쯤 되면, 치매 예방을 위해 일부러도 넋 놓는 시간을 가져야 할 것이다. A는 지금도 간절하게 원하는 것은 넋 놓는 것이다. A는 의식 없이 내려놓는 것이 힘들다. 남에게는 휴식이 달콤하고 편한데, A는 쉼이라는 것이 아직도 남의 옷 입은 듯 불편하다. A는 간절하게 하고 싶은 넋 놓기가 힘들다. A는 아마도 멍 때리는 것에 대해 무의식 아래에서부터 저항하는 듯하다.

명상하면 A는 잔잔한 음악을 틀었다. 명상으로만 끝나는 것이 아니라, 의식적인 행위를 바탕에 깔고 한다. 멍석 깔면 더 안 되는 것이 넋 놓기다. 계획된 행위가 쉼에서 더 멀게 한다. 쉼과 명상은 뇌파가 다르다. 넋 놓는 것이 힘든 사람에게 단순 치매가 잘 나타난다. 과부하가 걸려서 시간을 잃어버린다. 흡사 '모모의 회색 신사들'이 그 옆을 지나간 것이다. 어떤 부분은 통째로 기억이 나지 않는다. 넋 놓기가 없는 경우 사람들은 불평불만이 생긴다. 마을 사람들이 점점 회색 신사들에 시간을 저축해 가면서 마음은 황폐해져 간다. 쉼 없는 삶이 마치 회색 신사가 시간을 빼앗아 간 것 같은 모습을 만든다. 요즘 부쩍 불평불만, 짜증이 난다면 자신의 넋 놓는 시간을 좀 가져보면 좋을 듯하다.

회색 신사들은 시간을 아껴 바쁘게 살면 남는 시간을 모아두었다가 나중에 쓸 수 있다고 사람들을 속삭인다. 시간을 아끼려고 바쁘게 살아가는 사람들은 차츰 정신적인 여유, 주위에 대한 관심과 배려를 잃게 된다. 책 내용에는 그들만의 독특한 방법으로 사람들의 기억 속에 남아 있지 않게 한다. 만약 사람들이 회색 신사들을 기억한다면 시간저축은행에 자기 시간을 저축하려 하지 않을 것이다. 지구인들에게 기억을 지우는 특수요원이나 외계인 같은 방법과 비슷하지 않을까. 우리가 잠시 삶을 잃어버린 것 같은 단기 기억 상실일 때 회색 신사가 잠시 나타났던 것은 아니었을까.

쉼은 삶을 지탱해주는 영양분을 공급해주는 뿌리와 같다. 계획대로 바쁘게 살아도 '왜 시간에 쫓기는 걸까? 왜 어른이 되어갈수록 시간은 항상 부족한 거지? 쉼이라는 삶의 뿌리가 없어지면 삶 전체가 통째로 뽑혀나갈 수 있다. 어릴 때부터 시간 여유를 위해 심심함을 갖도록 도와주자.

인간의 숨을 쉬는 걸 살펴보면, 들이쉬는 숨과 내쉬는 숨 사이에 멈추는 순간이 있다. 만일 숨과 숨 사이의 멈추는 순간을 생략하면 호흡이 가빠진다. 과산소혈증이 나타난다. 호흡처럼 사람들의 삶에도 멈춰있을 순간이 있어야 한다. 때에 따라 아이가 빈둥거리는 것 같이 보이기도 한다. 미래를 생각하면 아이가 시간을 낭비하는 것 같다. 혼자서 심심해하는 거 같기도 하겠지만 어떤 인간에게나 고요히 있어야 하는 순간은 꼭 필요하다. 그런 시간이 삶의 질적 향상을 가져오고 몰입하는 강도를 높게 한다.

매번 아이가 혼자 있거나 늘 공상에 빠져있다면 균형이 필요할 수도 있다. 심각한 경우가 아니면, 아이 혼자 내면과 만나는 시간, 공상을 즐기는 시간을 확보해주어야 한다. 멍하게 있는 아이를 건드리지 않고, 쉴 수 있는 권리를 주자. 아이뿐 아니라 부모도 쉼은 필요하다. 심심한 시간, 고요한 시간을 갖게 되면, 다른 사람 눈을 의식하지 않고, 자신을 있는 그대로 인정하면 삶의 거름이 된다. 알차고 튼튼한 삶을 위해 심심함을 더하자.

넋 놓는 행위는 우주와 주파수를 맞추기 위한 시간이다. 뇌가 쉬고 싶을 때 우주를 향해 문을 열고 멍을 때려보자. 심심함을 즐기자. 몰입과 심심함은 균형 잡힌 삶을 사는 힘을 준다. 다양한 색이 있는 스펙트럼 같은 삶 속에서 우리는 빨주노초파남보 색이 꼭 있는 것만 치중하지 않는가? 적외선과 자외선같이 우리 눈에 안 보이지만 소독하거나 생명을 치료하는, 색 없는 시간도 우리 안에 필요하다. 침묵의 순간들, 영혼을 쉬게 하는 심심함이 삶에 필요한 이유이다. 힐링을 위한 오늘 한 번 '멍 때리기'를 해보면 어떨까.

책을 읽어라

최근 몇 년 동안 내가 가장 잘한 일을 뽑으라면, 노안이 오기 전에 집중 독서를 했던 3년이다. 시간은 흐르고 몸은 늙어 간다. 세월이 지나가면서 내 흰머리가 생기는 걸 막을 수 없었다. 조만간 검버섯도 생길 텐데, 눈을 찡그리면서 독서를 하는 고통을 느끼고 싶지 않았다. 읽고 싶은 책을 천 권 읽기로 결심을 하고 노안이 되기 전에 집중 독서를 완료했다.

5년이 지나고 50년이 지나도 독서에 집중하면서 느낀 즐거움은 남을 것이라고 본다. 지식을 얻기 위함이 아닌 지혜를 얻기 위해서 시도했다. 구조적인 뇌를 만드는데 가장 좋은 것이 문학, 철학, 역사를 읽는 것이다. 읽기만 하는 것도 좋지만, 한두 문장을 화두로 삼아서 하루 동안 생각해 보면 의미로 충만한 삶이 된다. 책은 그림이 많으면 많은 대로, 글씨가 크면 큰 대로, 작으면 작은 대로 의미가 있다. 책에는 인간 삶의 다양한 면이 녹아 있다. 작가는 그 글을 쓰기 위해서 오랜 시간 생각하고 자료를 모은다. 단돈 얼마로 오랜 노고의 열매를

독자는 편히 먹을 수 있다.

아이가 책을 읽는다면 언어 자극을 받게 된다. 아이가 부모와 책을 함께 읽으면 경험을 공유하게 된다. 독서 행위 하나가 가족 문화로 정착된다. 즉, 책 속의 문장을 통해 대화하며 하나로 연결하는 '유대감'을 다지는 효과가 있다. 이런 유대감은 부모가 아이를 사랑하고 있다는 것을 느끼게 해준다.

내 고교 시절 어머니는 공부하라는 말은 거의 하지 않았다. 본인의 일을 즐기고 있어서인지 내 공부에 관심이 적었다. 본인 스스로 매번 새로운 공부를 하며 즐거워했다. 거실에 나와서 열심히 책을 읽고, 책 내용을 발췌하고 낭독을 하곤 했다. '공부가 이렇게 재미있는지 몰랐다.'고 말씀하는 어머니의 눈에 빛이 났다. 나는 어머니의 말대로 공부에 대해 즐거운 감정으로 바라볼 수 있었다. 어머니가 거실에서 공부하고 있으면 나 역시 책을 들고 와 한참을 보았다. 어머니 옆으로 가서 자연스럽게 문제집을 보거나 참고서를 보았다. 같은 시간에 책을 매개로 어머니 옆에만 있어도 좋았다. 정서적인 안전감을 느꼈다. 어머니가 책에 대해 느끼는 감정이 나에게 전이 되었다.

『톰 소여의 모험』에서도 비슷한 감정 전의가 보인다. 톰이 친구들에게 페인트칠이 재미있다는 것을 보여주는 내용이 나온다. 놀이만 좋아하는 톰에게 폴리 이모는 일을 준다.

"담벼락에 페인트를 다 칠하고 놀러 가라."

친구들은 톰이 페인트칠하는 것을 보고 놀리기 시작한다. 톰은 신나게 노는 친구들 옆에서 더 몰입해서 페인트를 칠한다.

"우리 헤엄치러 갈 건데, 너도 같이 가고 싶지? 톰은 일해야 해서 안 되겠네."

"일이라니? 뭐가?"

"그게 일이 아니고 뭐니?"

"아이에게 담장에 페인트칠할 기회가 날이면 날마다 있는 줄 아니?"

힘든 일이 친구들 눈에는 즐거운 놀이로 보이기 시작한다. 아무나 할 수 없는 놀이로 바뀐다. 친구는 갖고 있던 사과를 뇌물로 주면서 페인트칠할 권리를 얻는다.

요즘은 책보다 흥미로운 것이 많다. 스마트폰, 컴퓨터, TV, 게임 등 다양한 미디어를 어렸을 때부터 접한 아이들은 이미 자극에 익숙하다. 자극적인 영상에 많이 노출된 아이들에게 책 읽기가 멀게 느껴질 수 있다. 글을 빨리 깨우치면 아이가 책을 읽는 능력도 향상될 것으로 생각한다. 물론 글을 알면 책을 읽는 것에 유리하다. 필요조건이긴 하지만 필요충분조건은 아니다. 즉, 글을 읽을 수 있는 능력이 있다고 책 읽기를 좋아하게 되는 것이 아니다. 책을 읽고 싶게 만들기 위해서 생활 속에 자연스럽게 접하는 방법이 좋다. 재미있다고 느낄 수 있는 정서적인 전이가 필요하다. 주변 사람들을 모방하는 아이의 경우 효과는 더 크다.

세상을 연결해 주는 좋은 방법은 책을 읽는 것이다. 책은 체험할 수 없는 것들도 직접 해보지 않아도 알게 해준다. 책은 미디어처럼 일방적인 교류가 아니라 쌍방향이다. 읽으면서 자기 속도에 맞게 생각을 하게 해준다. 다른 사람과 자연스럽게 책을 통해 삶에 대한 여러 가지 대처방법이 있다는 것을 알게 된다. 책을 통해 현재는 어려운 자기 저지를 위로받기도 한다.

글을 곧잘 읽는 아이도 단어 뜻을 모르면 책을 이해한 것이 아니다. 책 읽어도 의미를 다 알지 못하는 경우가 종종 생긴다. 그러면 책을 읽는 것이 즐거운 놀이가 아닌 일이 된다. 헬렌 켈러에 대한 책을 읽으면서 '장애인'이라는 의미를 모르는 아이가 있다. 글을 읽을 수 있다고 단어 뜻을 다 아는 것이 아니다. 부모가 단어 뜻을 아는지 확인하고 같이 알아보는 방법도 책에 관한 흥미를 높이기 좋은 방법이다. 책을 함께 읽어주는 사람이 있으면 양방향 소통을 하면서 '장애인' 단어 뜻을 알아가며 확장형 책 읽기가 가능하다. 아이에게 책은 양이 아닌 질적 접근이 필요하다.

아이가 어릴 때는 열심히 읽어주다가 글을 읽을 수 있으면, 읽어주는 횟수가 줄어든다. 부모의 목소리를 통해 들어온 지식은 아이의 뇌를 구조적으로 만드는 기초가 된다. 그 과정에서 아이와 유대감도 형성된다. 학년이 올라가면 책의 수준이 상승한다. 책 읽는 질의 향상을 위해 하루에 조금씩 읽어 주는 것도 좋다. 단어를 알아가면서 속도를 낼 수 있다. 가족 구성원 전체가 책을 읽는 것은 정서적 효과가 높아진다. 집안 곳곳에 읽을거리를 제공해보자. 아이 본인이 선택하면 책을 읽는 흡입 강도가 높아진다. 그림만 보면서 상상해서 읽어도 좋다. 책이 읽을 만한 것이라는 감정을 갖는 것이 중요하다. 좋은 감정이 쌓이면 만사형통이다. 독서는 아이가 흥미를 갖고 난 뒤에는 양은 저절로 늘어나게 되어 있다.

'보여주기'식 교육도 필요하다. 이때는 부모의 연기력이 필요하다. 부모가 재미있어서 하면 아이는 관심을 보인다. 부모가 책에 흥미를 갖고 매일 책을 가까이하는 분위기를 조성한다. 책을 읽으라고 강요하지 않는다면, 자연스럽게 일상에 흡수될 것이다. 현명한 아이로 키우기 위해서 부모 역시 책 읽는 것이 중요하다. 세상의 많은 것을 설명하고 이해하기에 좋은 매개체는 책이다. 양육자가 지금 책 한 권 읽는 것이 미래에 지급할 사교육비를 줄이는 효과가 있다. 가족 경제의 안정과 더불어 더 나은 아이의 미래를 제시해줄 수 있다.

세상 속 모든 지식을 체험하려면 적지 않은 제약이 있다. 인간 삶은 시간과 공간이 한정적이다. 자신이 살아가는 공간에서 벗어나서 다른 세계를 직접 다 알아보는 것은 불가능하다. 다양한 지식을 습득하는 좋은 방법은 많은 사람이 경험을 채워 넣은 책을 이용하는 것이다. 줄거리를 통해 문제해결력이 생긴다. 행동에 대한 결과를 추론할 수 있게 된다. 책을 통해 인과관계를 알게 된다. 단어를 많이 알게 되고 타인과 대화하는 데 도움이 된다.

필자는 20대 30대에 걸쳐서 다양한 동아리 활동을 했다. 스포츠, 악기, 플래너 모임 등 오랜 기간 꾸준히 나갔다. 오래 유지된 모임은 대부분 독서를 매개로 한 경우였다. 독서는 인간 삶을 다방면으로 다루기 때문에 대화 소재가 무궁무진하다. 자기 직업이나 바라보는 시각에 따라서 받아들이는 책 내용도 다르다. 책을 혼자 여러 번 읽는 것보다 타인의 시각에서 바라본 내용을 들으면 또 다른 통찰력이 생긴다. 자기 이해와 타인의 이해가 생기고, 불만이었던 일상이 행복으로 바뀐다. 책에서 느끼는 많은 생각은 풍부한 대화거리가 되었다. 마르지 않는 대화의 샘물은 책을 통해서이다. 자녀가 커가면 점점 할 말이 없어진다. 아는 언어의 양은 더 많다. 대화는 더 잘할 수 있지만, 매개되는 소재가 부족하면 가족 대화는 무미건조해진다. 같은 책을 읽고 대화를 나누면 책의 주제나 소재에 따라서 실생활에 있던 일을 재조정하고 그것을 다른 의미로 바라볼 수 있게 된다. 아이가 커나갈수록 책을 통해 더 많은 주제를 다룰 수 있다. 아이와 부모가 시간이 지날수록 확장된 시각으로 함께 성장하게 된다.

책이 모임의 매개체가 되는 것처럼 책은 부모와의 정서적인 유대감을 키워주는 가교 구실을 한다. 책을 통해 역경과 시련을 이겨내는 면역력을 키우게 될 것이다. 아이에게 책을 읽는 습관을 만들어 주는 것은 부모가 줄 수 있는 큰 유산 중 하나다.

우리가 사는 사회는 하루가 다르게 변하고 있다. 미래는 생각보다 빠른 속도로 전개되고 있다. 마치 안개 속에 있는 듯, 한 치 앞도 예측하기가 어렵다. 미래는 예측하는 영역이라기보다는 그때 상황에 맞는 대응이 필요하다. 사라지는 직업도 많고, 새로 생기는 일자리도 있다. 아이에게 부모가 예전처럼 직업을 골라주기 어렵다. '의료인을 해라, 법률가 어떻겠니?' 하면서 구체적으로 제시하기 어렵다. 지금 있는 직업이 아이가 어른이 되어 찾을 때쯤 있을지도 알 수가 없다. 안타깝게도 모든 직업을 직접 경험해 볼 수도 없다. 그런 부분은 책을 통해 간접 체험을 해보고 자신이 어떤 삶을 살고 싶은지 미뤄 짐작할 수 있다. 책에서 길을 찾는 것이 효율적이다.

책은 인간의 뇌를 구조적으로 만들어 주며 미래에 대한 예측도 어느 정도 가능하게 한다. 예측된 미래는 존재하지 않는다. 미래는 창조되는 것이 아니라 만들어가는 것이다. 책은 선배들의 지혜를 빌려 과거를 통해 현재, 미래를 유추할 수 있게 해준다. 아이의 미래를 부모가 골라 줄 수 없다면 아이에게 미래의 문을 열 수 있는 만능열쇠 하나 챙겨주자. 그 만능열쇠는 책을 통해 얻게 될 것이다.

감사 일지를 적어라

마지막 물놀이 타임이다. 덥고 힘들다.

늦은 시간 출발해 마지막 시간에 도착했다. 다행히도 충분히 더 놀 수 있음에 감사합니다.

한산해서 여유 가득, 감사합니다.

집 근처라 30초 만에 갈 수 있음에 감사합니다.

탈의실이 널찍해서 감사합니다.

참새를 가까이 보니 자연을 마주하는 깃 같은 힐링에 감사합니다.

물 빠지는 시간은 휴식시간과 달리 조금 더 물을 틀어줌에 감사합니다. 그 덕에 계속 즐길 수 있어서 감사합니다.

마지막 시간에는 나가라고 하지 않아서 아이가 충분히 놀 수 있음에 감사합니다.

먼저 놀고 나간 시간이라, 좋은 자리에 주차할 곳이 많이 감사합니다.

추가로 동물원 오늘 첫 개장에 감사합니다. 어린이 박물관도 시간이 딱딱 맞아 감사합니다.

부정으로 시작되어 긍정으로 끝나는 감사일지 중

감사일지를 2008년부터 간헐적으로 적었다가 최근 3년 정도 매일 적고 있다. 감사일지는 감사한 것을 찾는 것에 효과가 있다. 시간이 지나니 최근에는 하루에 있던 일 들 중 부정적인 내용을 먼저 적고 그 사건 중 긍정인 부분을 찾아서 '뒤집기' 감사를 한다.

위에 예를 든 감사일지를 적은 날은 35도가 넘는 기온이었다. 필자는 열사병에 걸릴 것 같았고, 부모님의 식사를 챙긴다고 뜨거운 대낮에 밖을 다녀야 했다. 피곤하고 힘들었던 정점에 아이는 물놀이장을 가자고 했다. 그날 마지막 물놀이 타임이었다. 가만히 앉아 있어도 덥고 힘들었다. 그런 중에 오늘 하루를 돌아보며 감사일지를 적었다. 적을 내용이 없다고 생각하는 날에도 어떤 것이라도 찾아야 했다. 우러나오는 감사를 적는 날은 많지 않다. 가을걷이가 끝난 논바닥에서 이삭을 줍는 마음으로 부정적인 것 중에 긍정의 조각을 찾았다. 그날 부정적인 경험을 떠올리고 그것의 긍정적인 부분을 찾는 것은 숨은그림찾기처럼 짜릿함을 내게 준다. 의외로 부정적인 부분에서 긍정적 조각 찾으면 사금을 찾는 것 같이 뿌듯함을 느꼈다. 부정에서 긍정으로 바뀌면 많은 사람은 그 내용에 공감한다. 스토리가 있으면 의미가 다르게 다가오는 것과 비슷한 효과가 있었다. 더 나아가서 감정 공명을 느끼게 된다. 단순한 감사가 그냥 커피면, 부정에서 긍정으로 바꾸는 것은 최고급 커피처럼 독특한 향기가 난다.

나는 일을 마무리시키기 위해 밤을 새우곤 한다. 신경이 예민해져서 문제를 바라보면, 문제는 커지고 기분은 나빠지고 상황은 점점 험악해진다. 나는 청각에 민감한 편이다. 시계는 초침 소리가 작게라도 들리면 그 방에 조용히 앉아 있을 수 없다. 그래서 우리 집으로 초침 소리가 나는 시계는 들어올 수가 없다. 가장 낮은 단계의 선풍기 돌아가는 소리에 잠을 이루기가 힘들다. 나처럼 청각에 예민한 사람도 있고, 어떤 사람은 후각이나 시각에 민감할 수 있다. 예민한 것이 꼭 나쁜 것이 아니지만 평소 생활을 할 때면 보통 사람들보다 특정 환경에 놓이면 스트레스 지수가 높아질 수 있다. 그렇다고 꼭 단점만 있는 것은 아니다. 후각이 민감한 사람은 음식 맛에 예민해서 관련된 일에 적합하다. 청각이 민감한 사람은 음악을 들을 때, 많은 것을 느낄 것이다. 반면에 예민한 감각이 쉽게 피곤하게 만드는 원인이기도 하다. 아이를 키울 때 시끄러운 소리를 들으면 한동안 피곤함이 밀려와서, 양육의 불편함이 몰려온다. 아이는 자신의 잘못 보다 양육자의 민감성으로 더 큰 화를 당하기도 한다. 민감한 부분을 알면 자신의 부정적 감정이 일어나는 것을 멈추어 생각한다면 아이에게 화를 내는 것도 의식적으로 줄여나갈 수 있다.

감각이 예민할수록 감사일지를 생활화하면 예민한 만큼의 강점은 극대화할 수 있다. 또 부정적인 측면을 긍정으로 바꾸면서 일어나는 편안함을 덤으로 얻는다. 그렇게 감사일지는 가지고 있던 생각을 재조정해 준다. 본인이 갖고 있던 관점을 바꿔준다.

접촉 사고 나서 지각을 하게 된 경우 좋은 일이 없는 것으로 보인다. 관점을 바꾸어 긍정을 찾아보자. 큰 사고가 나면 더욱 힘들었을 것이다. 작은 사고가 나면 일터에 늦는 것으로 끝나지만, 사고가 크게 나면 며칠, 몇 주 일 정상적으로 생활하기 어렵다. 부정을 긍정으로 바꾼 것을 다른 사람에게 공유하면 그 사람도 부정을 긍정으로 바꾼 당신의 감사일지를 통해 공명을 느낀다. 인간은 충고보다 감정적 공명으로 변화가 더 잘 일어난다.

입체영화를 보러 상영관 입장 중, 아이가 어려서 울 것 같다고 검사하는 직원 분이 막아선다. 아이의 개월 수를 물어본다. 불쾌감이 올라온다. 부정을 긍정으로 바꾸는 과정을 지난다. 많은 사람을 보다 보면 직원이 선입견이 생길 수 있다. 자신만의 방어기제가 없으면 일을 계속하기 힘들 것이다. 그것을 이해한 나에게 감사합니다. 이해하는 넓은 아량이 있는 나에게 감사합니다. 선입견이 없는 사람은 거의 없다. 삶을 살아가기 위해서 누구나 자신의 맞는 프레임을 갖게 된다. 감정을 바꾸니 불현듯, 선입견이 거의 없었던 직장 후배가 기억이 난다. 그 친구의 행보는 찬란했다. 한때는 너무 긍정적이라 이상해 보이기도 했으나 그 친구 삶의 철학이 대단함을 지금이라도 알게 됨에 감사합니다. 나이는 어린 후배직원이지만 배울 점에서 멘토임을 인정하는 나에게 감사합니다.

부정에서 긍정으로 바꾸는 감사일지 중

부정에서 긍정으로 바꾸면 삶 속의 부정적 내용이 공명하다, 높은 진동으로 올라가면 좋은 기억이 떠오른다. 부정을 긍정으로 바꾸면 자존감이 올라간다. 더불어 아이에게 감사일지를 적어보라고 권하는 것도 효과가 있다. 글로 쓰기 힘들다면 일과 중 화났던 걸 찾아본다. 화가 났던 이유와 그 사건에도 좋은 점이 있는지 찾아보기를 해본다. 자기감정을 알고 사건을 객관화시킬 수 있다. 나쁜 것에서 좋은 것을 찾는 것은 새로운 것을 생각해보는 자극이 될 수 있다. 성숙한 사람이 되기 위한 것 중의 한 가지 능력은 자신이 경험한 사건을 재해석 할 수 있다는 것이다.

그날 안 좋았던 일을 떠올리고 언어화시키는 것이 중요하다. 언어로 내 감정을 확인하면 일 속에 부정적인 부분이 나에게서 멀리 떨어져 나가서 삶을 바라보는 각도가 넓어진다. 문제와 나를 떨어뜨리고 나와 떨어져 나간 문제 사이 거리만큼 시각도 넓혀진다. 예전에는 감정이 무엇인지 모르고 자신에게 불편한 감정이 오히려 본인을 공격했다. 감정들은 암세포 같이 숨어서 전이되고 고통을 받으면서도 왜 그런지 모르는 우울감이 지속하였다. 언어화시키는 과정에서 감정에 대해 솔직해진다. 내 삶을 바라보는 풍경화처럼 되었다. 소소하지만 중요한 일상으로 다가와 오히려 감사함이 남는다. 낮에 있었던 일, 불편한 감정으로 내가 초라하다고 느껴질 때는 감정 카드를 꺼낸다. 그리고 그 감정을 찾는다. '아, 바로 그거였구나!' 그 단어는 나를 충분히 위로해 주며 그 순간으로부터 내 부정의 에너지는 또 다른 출발점이 되어준다. 부정적인 감정도 내게 소중한 에너지라는 것을 알게 되는 계기가 된다.

일과 중에 낮은 자존감을 느끼게 하는 일이 그날 행복의 평균을 낮춘다. 가장 부정적인 사건을 꺼내 들고 그 안에 긍정 조각을 찾아보자. 행복감의 가장 낮은 점수를 받은 일들이 높은 수준으로 올라가면 당신의 자존감과 행복감은 평균이 높아지고, 긍정 주파수대로 옮겨가게 될 것이다. 단지 느낌인지 몰라도, 부정적인 일을 당하고 이른 시간 긍정 조각하나 발견하는 순간, 세상이 나에게 호의적으로 다가온다. 마음을 바꾸자마자 신호등이 연속적으로 파란불을 나타내기도 한다.

한동안 감사 일지를 내려놓았다가 다시 3년 전부터 감사 일지를 집어 들었다. 현재 하루도 빠짐없이 적으면서 느낀다. 10년 전에는 '쓰면 좋겠지.'라는 막연함에서 시작했지만, 지금은 '정말 좋다'는 것을 확실히 체험하고 있다.

감사일지는 하루를 차분히 돌아볼 수 있고, 내게 어떤 일이 일어났는지 살피게 된다. 그냥 스쳐 지나갈 일을 집중해서 보게 되는 효과가 있다. 관찰력이 길러지고, 관찰을 통해 다른 통찰이 생긴다. 감사일지 쓰는 것이 습관이 되면 보통 때도 자연스럽게 긍정의 눈으로 삶을 바라보는 사람이 된다. 특별히 나쁠 것도, 특별히 좋은 것도 없이 마음이 평온하다. 정서가 안정되어 세상을 아름답게 보게 된다. 하루의 부정적이고 힘들었던 일에서 긍정의 감사 조각 찾기를 해보면, 당신도 모르는 사이에 자존감이 상승할 것이다. 자존감은 행복을 받쳐주는 디딤돌 역할을 해준다. 감사일기 덕에 불안한 감정 에너지가 아이에게 전달되지 않아서 아이는 일관적인 훈육을 받아서 정서적으로 안정적이고 평화롭게 클 수 있다.

진심과 사실을 더하라

필자는 초콜릿을 너무 좋아하는데, 내 아이도 나를 닮아 초콜릿 킬러다. 아이 유치에 충치가 생길까 봐 안 먹었으면 했다. 아이 치아가 상할까 봐 늘 걱정이었다.

"아기는 초콜릿 먹지 마세요."

"엄마는 왜 먹어요?"

아이의 질문에 나는 내 진실을 마주하게 된다. 엄마는 어른이라 괜찮다고 말하면, 아이에게 거짓말을 한 것이 된다. 아이에게 진실을 말하고 적당량 함께 먹자고 타협을 하는 것이 더 효과적일 것이다. '나는 괜찮고 너는 안 된다'는 식은 단기 효과는 있을지라도, 아이의 지속적 행동 변화를 가져오기 어렵다. 만일 행동 변화는 가져와도 마음속으로 부모에 대한 신뢰는 깨질 것이다. 초콜릿이 아닌 다른 행동을 제지할 때도 부모 말의 힘이 줄어든다. 신뢰가 없어지면 관계가 힘들어지게 된다. 부모가 '너에게 좋은 것'이라고 권해주어도 신뢰가 없으면 잔소리로만 들리게 된다. 잔소리와 충고의 차이점은 말하는 사람의 신뢰 유무로 결정된다. 신뢰가 있으면 충고를 받아들이지만, 신뢰가 없는 자가 말을 하면 잔소리로 들린다. 신뢰 없는 사람의 특징은 말하는 내용은 옳지만, 그의 행동은 말과 다르게 하는 경우를 계속 보았을 때이다. 지금은 아니라도 그런 관계가 되는 것은 불 보듯 뻔하다.

'다 너 잘되라고 그러지.'라고 한다면 아이는 '네, 어머니 감사합니다.'라고 할 리는 만무하다. 아이는 '엄마는 자신은 안 하면서 나에게만 강요하는 언행일치가 안 되는 사람.'이라고 생각할 것이다.

"엄마랑 같이 먹고 이를 깨끗이 신경 써서 닦아야 할 것 같아. 그렇게 해주겠니?"

"알겠어요."

아이는 그렇게 말 한 후로는 초콜릿을 먹겠다고 요구하는 빈도가 줄었다. 엄마의 진심에 대한 예우를 해주는 듯하다. 엄마 역시 초콜릿을 줄이면서 자기 건강을 더 생각하게 되는 계기가 될 수 있다.

아이가 매번 선생님이나 친구들에게 이야기한다.

"우리 아빠 사장이다."

아이를 바라보고 있던 엄마는 황당한 듯 아이에게 말한다.

"왜 거짓말해!"

아이가 허세를 부리는 거짓말 뒤에 숨은 마음을 찾아 진실하게 다가가 보자.

"아빠가 사장이면 좋겠어?"

"네."

"어떤 점이 좋을 것 같아?"

"내가 좋아하는 장난감을 가득 사줄 수 있어요."

"그래 아빠가 사장이면 돈이 많아서 장난감을 다 사줄 수 있겠구나."

아이의 마음을 이해해 주는 노력으로 충분하다.

"아빠가 사장이면 바빠서 자주 놀지 못할 수도 있어. 아빠는 저녁마다 같이 놀아주고 놀이터도 함께 가줄 수 있단다."

아이에게 사장이 아니어서 좋은 점을 말해 주고 진실하게 이해해 주면 아이의 거짓말도 줄어들 것이다.

누워있는 아이에게 다가가다 어머니가 아이의 허벅지 안쪽을 발로 밟았다. '뭐 그럴 수도 있지.'라고 어머니가 말한다면, 아이는 원망 가득한 눈빛으로 쳐다볼 것이다. '미안해, 앞으로 조심할게.' 변명이나 합리화보다 진실로 아이에게 접근하자. 관계는 발전하고 신뢰 덕에 더 단단해질 것이다.

부모가 실패를 인정하면 아이도 솔직하게 사과할 수 있다. 부모도 틀릴 수 있다는 것을 이해하게 된다. 부모가 솔직하게 실패를 인정하면 '엄마도 실패하는구나. 반드시 실패하면 안 되는 것이 아니네.' 아이는 안심한다. 아이도 자기 실패를 인정할 수 있게 되고 실패한 자신을 더 싫어하지 않을 것이다. 진실한 행동은 흉악하고 부정한 마음을 품은 사람 마음도 녹일 수 있다. 진실의 힘은 한 번의 노력으로 끝나는 것이 아니라 오랫동안 지속해야 한다. 평소에는 재미있고 나에게 잘하는 사람이 곁에 있으면 좋겠다고 생각하다가도 막상 자신이 큰일을 하거나 사업을 한다면 공동 사업자로는 재미있는 사람보다. 언행일지가 되는 진실한 사람에게 연락하게 된다. 자기 인생과 사업의 승패가 달린 일이면 더욱 진실한 사람을 곁에 두려고 한다.

내면에 진실한 마음을 얻는 법은 스스로 존중하고 자기 내면의 힘을 자라게 한다. 아이 마음을 이해하고 움직일 방법은 너도 이기고, 나도 이기는 관계이다. 아이와 관계를 맺을 때도 진실한 마음으로 대해야 한다. 진실한 마음은 대화가 자연스럽게 이어지게 한다. 아이도 진실한 마음으로 대화하게 되어 솔직한 의사 표현과 감정교류가 가능하다.

아이가 거짓말을 했을 때 문제 원인이 아이에게만 있다고 할 수 없다. 정직하게 대화를 나누지 못했던 부모와 아이의 관계를 돌아봐야 한다. 놀다 보니 시간이 몇 시인지 잊어버렸다. 사실대로 아이가 엄마에게 말하면 어떻게 되었을까? '넌 그 언제나 그 모양이냐.' 또는 '얼마 전에도 그랬지, 너 피시방 갔었지?'라는 핀잔을 들을 수도 있다.

어떻게 하면 아이가 나에게 사실대로 말해주는 그런 관계를 만들 수 있을까. 스스로 자기 모습을 돌아볼 필요가 있다. '사실을 말할 수 없었구나. 하지만 거짓말을 하면 엄마는 슬프단다.' 마음을 그대로 이야기 해 보자. 거짓말일지도 모르겠다고 생각이 드는 경우에도 가끔은 속아 넘어가는 것이 좋다. 진실하게 다가간 부모 역할이 중요하다. 아이는 부모를 보고 배운다.

거짓말은 사람 사이를 갈라놓는다. 종종 상처를 내거나 믿음을 단번에 무너뜨린다. 유명한 사람이나 공직에 있는 사람이 한번 거짓말을 해서 오랫동안 쌓은 것을 한 번에 잃는 걸 보면 정직이 다른 무엇보다도 중요하다는 것을 알 수 있다. 대다수 사람은 자주 거짓말을 한다. 실제 우리나라 재판의 절반 이상이 거짓말을 밝혀내기 위한 것이라고 한다. 나쁜 줄 알지만, 거짓말을 안 할 수 없다고 말하고 실제로 날마다 거짓말을 하는 것이 일상이 되어 있다. 신뢰를 바탕으로 하는 관계가 오래간다. 신뢰가 있어야 인간관계가 지속할 수 있다. 짧은 만남에서 내 이익만 생각하고 치고 빠지는 그런 관계에서 거짓말을 해도 된다는 생각이 있을 수 있지만, 거짓말은 전체 삶을 생각해서 길게 보면 좋은 결과를 가져오지는 못할 듯하다.

공자는 "인간이 태어날 때의 모습은 정직(直 : 솔직)이다. 허위(罔)의 삶은 용케 화를 면한 경우일 뿐이다.(人之生也直, 罔之生也, 幸而免.)"라고 말했다. 공자는 인간의 진실한 마음을 중시하여 허위를 증오하고 정직을 높이 평가하여 이렇게 말했다. 수치로 여겼다 함은 정직하지 못함을 수치로 여겼다는 말이다. 공자는 바탕의 정직을 '인'을 행할 수 있는 품성을 기초로 강조했다. 언 발에 오줌 누는 듯 잠시 잠깐 위기를 모면할 수 있지만, 거짓말을 계속되면 전체적인 화를 얻게 될 수 있다.

진실의 힘은 실험을 통해 증명되어 있다. 데이비드 호킨스 박사는 근육 역학 반응을 통해 진실과 거짓이 근육에 영향을 준다는 것을 말했다. 진실은 사람 근육의 힘을 주고 거짓은 근육의 힘을 뺀다고 말한다. 오링테스트로 진실과 거짓을 확인할 수 있다. 오링테스트는 사상의학에서 널리 사용하고 있다. 진실은 사람의 몸에 에너지를 실어준다.

아이를 진실하게 대하고 사실을 말하면 관계의 다리는 튼튼해질 것이다. 관계의 다리를 튼튼하기 위한 영양분은 진실과 사실뿐이라고 해도 과언이 아니다. 아이도 WIN이고 당신도 WIN인 관계를 유지하고 있는가? 당신에게도 이익이고 아이에게도 이익이 되는가를 생각해 보자. 당신만 편해지자고 하는 일은 아닌지 스스로 물어보아야 한다. '엄마는 네 편'이라는 말과 행동의 일관성으로 진심을 전하자. 진실과 사실을 더해 아이를 대하면 아이는 부모를 있는 그대로 받아들인다. 진실하지 않은 부모는 어느 순간 자신이 진실하지 않다는 사실도 잊는다. 아이가 진실하지 못하면 아이 탓만 한다. 관계의 악순환으로 가는 지름길이다. 진실은 긍정의 힘을 담고 있다. 서로 좋은 에너지를 증폭시킨다. 서로의 마음을 치유한다. 인간관계를 발전시키는 힘을 갖고 있다. 사랑을 담으면 사람을 살리고 행복한 인간관계의 탄탄한 가교 구실을 한다.

엄마의 힐링 타임을 가져라

수은주가 녹아내릴 것 같은 날씨다.

"엄마! 이거 아니잖아!"

날씨도 더운데, 뭐가 맘에 안 드는 것이 있는지, 아이는 짜증을 내면서 운다. 숨쉬기도 힘들 정도로 덥다. 거기에 엄마는 아침 점심을 못 먹어 배도 고프다. 참을 수 있는 최고 용량이 초과 되었다. 엄마 머리 위로 위기를 알리는 빨간불이 켜진다.

"그러면 놀이터에 더 못 있어!"

분노에 차서 아이에게 화를 뿜어댄다. 아이는 억울하다. 어제는 엄마가 친절했는데, 오늘은 엄마가 바뀐 것이다. 엉엉 울면서 끌려간다.

다른 장면을 보자. 같은 상황을 감정을 충분히 읽어준 대화로 이어보자. 아이랑 엄마가 지나간다.

"엄마! 이거 싫어요!"

아이는 짜증이 섞여 있다.

"그래? 얼음물 좀 먹으면서 엄마랑 앉아 이야기해 볼까?"

엄마는 행동은 전체적으로 안정적이다. 불안한 마음이 내려간 아이는 엄마에게 만족감과 편안함을 얻는다.

대다수 엄마는 아이에게 온화하고 부드러운 모습으로 보이고 싶다. 또 그런 모습이 지속되길 원한다. 실상은 매번 아이를 대하는 태도가 일관적이지 않다. 기계가 아니라 감정을 가진 사람이라 그렇다. 사람이라면 날씨처럼 날마다 같지 않듯, 화가 올라오고 기분이 좋았다가 하는 것은 당연하다. 다만 마음의 여유가 사라져서 받아드릴 용량이 줄어들어 감정을 통제하지 못 하게 될 때가 있다. 그때는 조금만 자극이 오면 감정을 다 쏟아 버리는 경우가 있다. 너무 자주 분노를 사용하면 아이에게 상처가 될 수 있다. 상처가 난 것이 아물기 전에 아이에게 다시 상처를 내는 경우가 되기도 한다. 몸의 상처도 오래가지만, 덧난 마음의 상처는 그와 비슷한 상황이 될 때마다 아이의 상처 부위가 반응하는 경우가 있다. 화가 날 때 매번 분노로 일관한다면, 엄마에 관한 신뢰감은 떨어지고 관계의 담이 쌓이게 된다. 자신이 감정 용량이 적다면 키우는 것이 좋다. 용량이 적다면 자주 치유시간을 가져 표출을 통한 문제를 줄이자. 용량이 얼마 정도 비어 있어서 아이에게 감정 폭발하지 않는 것이 훗날 지속적인 관계를 기약하는데 긍정적이다. 아이기 마음속 앙금이 남아 있을 수도 있다. 앙금이 남은 아이를 받아들이려면 엄마는 마음속 받아들일 수 있는 그릇의 공간이 있어야 한다. 그릇을 조금씩 비워두면 아이와 관계에서 용량이 다 차서 아무것도 못 받아들이는 수준까지 가지 않는다. 용량이 적은 경우, 가득 채워지는 속도가 빠르고 비워내야 하는 빈도도 자주 돌아온다. 많은 경우 엄마는 활화산처럼 타오른다. 그러는 동안 아이 마음이 엄마에게서 멀어져 버린다. 아이에게 강압적이고 제멋대로인 엄마는 신뢰가 생기지 않는다.

온화한 일관된 육아를 위한 다른 방법으로 부모가 적당한 거리를 두고 아이에게 결정할 수 있게 하는 방법이 있다. 독립적인 엄마는 아이는 인정한다. 아이가 삶을 살아가는 데 필요한 지혜를 스스로 채워갈 수 있다. 아이가 어머니에게 모든 걸 해달라고 하는 의존적 관계에서 벗어나자. 자녀가 성장하는 속도에 맞춰 조금씩 벗어나는 것이 필요하다. 서로에게 의지하는 관계는 어머니도, 아이도 감정독립이 힘들어진다. 어머니의 독립적인 심리적 공간이 없어 여유가 사라진다. 그 상태에는 아이가 다가오면 분노를 표출하기 좋은 환경에 놓인다. 독립시키기 위해서 아이가 시도할 수 있도록 설명해주고 스스로 할 수 있도록 기회를 준다. 어머니의 감정 용량이 다 찼을 때는 아이가 독립적이면 어머니의 감정전이가 적게 일어난다. 아이에게 혼자 하라고 해서 아이가 스스로 할 수 있다면 관계상 긍정적인 효과가 있다. 아이가 스스로 할 수 있도록 단계별 알려주기를 계속해 두면 마음 용량 초과로 인한 문제에서 어느 정도 벗어날 수 있다.

일관된 육아를 위한 또 다른 방법은 엄마가 힐링 타임 갖는 것이다. 부모는 아이에게 에너지를 집중한다고 개인적 시간 사용이 어렵다. 물론 아이랑 같이 하는 시간도 중요하지만, 틈틈이 자신을 자신답게 유지하는 시간이 필요하다. 힘들었던 몸과 마음을 치유하거나, 이완을 위한 시간을 갖는다. 용량이 늘어나거나 받아들이는 마음 속 여유가 생기게 된다. 자신이 좋아하는 일을 하면 시간은 순식간에 지나간다. 집중이 잘 되어서 자기 자신을 잊어버리는 순간이 오기도 한다. 한때 미대 진학을 포기한 필자는 오랫동안 미술과는 먼 다른 쪽으로 일을 했다. 어느 날 여유가 생겨 취미로 '인체 크로키'를 배우게 되었다. 크로키를 하는 동안 나는 나를 잊어버리는 시간을 경험한다. 내가 너무 하고 싶었던 일을 할 땐 나를 다른 시간으로 보내준다. 다른 시간으로 가는 그 거리만큼 마음의 용량은 조금씩 늘어난다.

속도를 즐기는 것을 좋아하는 필자는 스키를 타면서 무아지경의 상태로 들어간다. 타고 내려오는 것에만 집중해야 한다. 가속도가 붙은 상태에서 다른 생각이 들어오면 '아차' 하는 순간 사고로 직결된다. 생사가 걸린 문제에서 일상은 잠시 생각에서 멀어진다. 그렇게 마음, 정신적으로 거리를 두면 여백이 생긴다. 그 여백만큼 우리는 여유를 갖게 된다. 취미가 그런 여백을 만들어준다. 받아들이는 마음 용량이 더 늘어나거나, 비워지는 신기한 경험을 맞이한다.

무아지경의 상태, 자기 몸과 마음을 의식 하지 않는 상태까지 가는 즐거움을 찾아보자. 하고 싶던 글을 쓰거나. 노래를 부르거나. 춤을 추거나, 암벽을 타거나, 스노보드를 타고 내려올 때를 즐기자. 그 순간에 자연과 하나 되는 무한의 경험을 하기도 한다. 즐거운 순간, 릴랙스 순간 등은 자기 자신을 인지 못 하는 단계로 이끈다. 무아지경의 상태를 즐길 줄 알면 타인이 볼 때 그가 매력적으로 느껴진다. 삶에서 느끼는 즐거움이 행동에서 나타나고 얼굴에 자신감이 묻어난다. 무언가 믿는 구석이 있는 사람의 표정이다. 일에 무아지경인 사람들이나, 어떤 것에 몰입하는 사람들은 매력적이다. 매력은 사람을 이끄는 마력을 지녔다. 아이를 대할 때, 당신 에너지는 충분하고 받아들이는 내면의 용량도 충분해진다. 행위에만 집중하는 순간에 당신의 매력 또한 업그레이드된다. 자신이 타인을 받아들이는 마음의 용량도 더불어 커진다.

시간이 여의치 않으면 잠시 자리에 앉아 자신을 바라보자. 한자리에 가만히 앉아 있을 수 있어도 충분하다. 힐링 타임을 자주 하면 엄마 마음의 용량이 늘어나서 아이를 보듬어주는 힘도 커진다. 거리 두기 연습같이 육아에도 밀고 당기기가 필요하다. 엄마의 내면 공간이 필요하다. 온종일 같이 있어 준다고 부모 역할을 다 한 건 아니다. 주야장천 아이랑 함께 만 있다고 관계의 질적 상승이 되진 않는다. 오히려 자신만의 시간을 가져야 서로 애틋하다. 아이도 엄마가 소중하다는 것을 알 수 있는 시간을 주자.

일이나 취미 등에 대한 재미와 사랑으로 자아를 찾자. 물아일체가 되었을 때 당신은 자신이 가진 마음의 부담감을 덜어내어서 용량 100%를 재사용할 수 있다. 100이라는 받아들이는 그릇 크기만큼 사랑하는 아이를 받아들일 수 있다. 다른 사람에게도 친절하고 평온하게 대할 수 있다. 아이에게 화를 내는 당신은 용량 100%를 다 차고 넘쳐나고 있다. 이성을 잃는 순간이 100이라는 용량이 넘쳐 날 때 감정의 폭발이 일어난다. 참는 것에 한계를 느끼는 단계이다. 아이에게 좋은 교육을 했어도 한번 부모가 감정 폭발하면 좋았던 교육 효과는 사라지고 원점으로 돌아간다. 어떤 경우 마이너스가 되기도 한다. 마음의 여유 용량을 키우고 용량을 비우는 방법이 있다. 좋은 방법이 엄마의 힐링 타임이다. 마사지를 받으면서 근육 이완을 시키거나, 몸을 푸는 행위로 마음의 그릇을 비워보자. 근육 이완이 가능한 활동이나, 자신이 몰입할 수 있는 것을 해보자. 다만 몰입이 과해서 오히려 경쟁으로 불타오르면 용량을 그 활동으로 소진할 수 있으니 적정한 선을 지키자.

젊음을 평생 유지할 수 없다. 생명도 한계가 있어서 인간은 불멸하지 않는다. 잠시 영혼이 몸으로 들어와서 빌려 쓴다고도 말한다. 그렇다면 영혼이 몸을 빌려 쓰는 기간도 길어봤자 120년 정도이다. 그때까지 내 몸을 신전처럼 모시고 보존해야 우리를 편히 움직이게 해줄 것이다. 자기 몸을 혹사하는 것은 당신이 몸을 보존하지 못 것이다. 몸이 혹사당하면 언젠가 당신 몸도 반응을 보일 것이다. 어떤 때는 몸이 반대로 당신에게 위기감을 맛보게 해 줄 것이다.

치유 시간을 통해 당신의 몸과 마음을 정돈한다. 아이에게 좋은 엄마가 되려면 용량이 비워진 상태에서 아이를 대하는 빈도가 높아지면 관계에 긍정적인 효과가 생긴다. 문제에 몰입되지 않고, 객관적인 마음 상태를 유지하게 되며 현명하게 자신을 바라볼 수 있다. 숲으로 조깅을 가거나 바깥으로 나가 아이스크림이라도 먹자. 아이에게 모든 것을 해주려고 하지 말자. 아이의 삶을 펼쳐가는 데 방해되는 행동이다. 아이는 자기 삶을 살아야 하는 권리가 있다. 지나친 감정 매몰은 관계를 부순다. 완벽하지 않은 나를 그대로 인정하자. 진정한 나를 찾으려 노력할 때 아이도 함께 성장한다. 자기 성장에 필요한 에너지를 부모로 인해 소모하게 되지 않도록 도와주자. 부모가 객관적인 감정 상태를 유지해 주어야 아이 성장에 도움이 된다.

인간인 엄마도 받아줄 수 있는 양의 한계가 있다. 엄마는 언제나 일관적으로 아이를 받아주는 신이 아니다. 그래서 무모한 번지 점프, 수도원에서 고요한 명상, 정원 가꾸기, 행글라이딩 동호회가입 등 얼마 동안 아이와 떨어져 있을 필요도 있다. 그 순간만큼은 아이를 위한 유기농 음식과 영어 과제가 의미를 잃는다. 내적 자유가 깨어나고 세상을 향해 외치고 있다. 아이가 어질러 더럽혀진 바닥이 무슨 인생의 방해물일 수 있겠는가? 엄마 마음의 여유가 있어서 아이의 감정을 충분히 보듬어 주면 아이는 건강한 정신으로 자신의 밝은 미래를 열어갈 힘을 얻게 된다.

제3장
뺄셈 육아

'너에게 증오스러운 것은 네 이웃에게도 하지 마라.'
-유대교

'누구도 자신에게 혐오스러운 것은 다른 사람에게 행하지 말라.'
-힌두교

'너 자신이 해롭다고 생각되는 방식으로 다른 사람을 해하지 말라.'
-불교

'너 자신에게 가해지기를 원치 않는 것을 타인에게 행하지 말라.'
-유교

　　종교의 황금률 중에 '자신이 대접받고 싶은 대로 상대방을 대접하라.'가 있다. 물론 대접해 주는 것도 중요하지만, 상대방이 싫다고 생각하는 것을 하지 말라는 것이 인격 측면에서 먼저다. 그래서 필자는 하지 말아야 하는 것이 기본 전제가 되고 그 위에 대접하고 싶은 대로 대접하는 것으로 생각한다. 해주지 않아 문제가 되기도 하지만, 상대가 원치 않는데 해줘서 문제가 되는 경우도 많다. 상대에 따라 그것이 비판하거나 설득하는 행위가 되어 타인의 인간성을 훼손시키는 결과가 되기도 한다. 가까이 가고 싶어도 상대가 거리를 유지하고 싶다면 그런 상대의 마음을 인정해 주어야 한다. 사실 표현하는 것 보다 지켜봐 주는 것이 더 힘들다. 독립적인 인격체로 대하려면 상대에 대한 절제가 필요하다. 엄마의 기다려줌으로써 아이 스스로 조절할 수 있는 능력이 자라날 수 있다.

잔소리를 멈춰라

국어사전에 잔소리는 '쓸데없이 자질구레한 말을 늘어놓음, 또는 그 말' '필요 이상으로 듣기 싫게 꾸짖거나 참견함, 또는 그런 말'이라고 나와 있다. 잔소리는 쓸데없다는 부분에 초점을 두면, 효과가 없다는 뜻으로 볼 수 있다. 너 잘되라고 하는 말인데, 왜 효과가 없을까? 아이를 키우는 어머니 가까이에서 참견쟁이들의 잔소리가 랩처럼 들려온다. 무슨 말인지 모르겠는데, 듣고 나면 '뭔 참견인가?' 하는 생각이 드는 그런 말들이다. 예를 들어, '이유식은 꼭 직접 해먹여라.' '공갈 젖꼭지 물리지 마라.' '애, 흔들지 마라.' '모유 수유 꼭 해라.' '옷 예쁘게 입혀라.' '남의 손에 맡기지 말고 네가. 보라.' '한 명은 외롭다. 하나 더 낳아라.' '딸은 있어야 하는데, 아들뿐이네요.'

남의 일을 과한 충고로 간섭하는 경우가 있다. 오지랖 넓은 분들이 주변에 꼭 있다. 매번 놀이터에 가면 자녀가 한 명이면, '두 명은 있어야 아이가 외롭지 않다'고 하는 아주머니가 있다. 어찌 보면 맞는 말이지만, 좋은 말도 계속 들으면 불편해진다. 멀리서 그 아주머니가 보이면 마주치지 않게 먼 길 돌아가게 된다. 이렇게 좋은 말이라는 데 좋게 들리지 않는 것이 잔소리다.

본인도 하려고 하는데, 잔소리하면 갑자기 하기 싫어지는 것이 인간의 심리다. 좋은 말이라고 경청의 태도보다 어떻게 하면 저 소리를 듣기 전에 자리를 뜰 방법이 있을까 생각하게 한다. 좋은 소리가 상대방에게 먹힐 가망성은 줄어든다. 레퍼토리가 똑같고, 잔소리라고 들리면 상대방에 있던 존중의 마음이 사라진다. 물리적 공간이 필요한 관계가 된다. 긴 침묵이 있으면 훨씬 좋은 관계가 된다.

부모의 잔소리가 계속되면, 아이는 부모의 이야기를 들으면서 점점 쪼그라든다. 제삼자에게도 아이가 숙기 없다는 소리를 듣게 된다.

"숫기가 없어요. 우리 아이는 남 앞에서 말도 제대로 못 해요. 뭐가 먹고 싶다는 얘기도 못 해요."

아이는 자신이 나서면 옆에서 어머니의 잔소리가 시작되는 걸 이미 알기에 이젠 입을 다물어 버린다.

잔소리 덕에 무기력을 겪은 아이는 만성적 우울한 기분으로 주눅 들어있다. 계속 되는 경우, 아이는 우울한 기분이 오래 간다. 아이 얼굴은 우중충해지고 웃음기가 사라진다. 아이는 울상이 되거나 입이 튀어나온다. 웃어야 할 일에도 짜증을 낸다. '웃지 마! 화난다.' 라고 표현하기도 한다. 자기한테 하는 호감이 불편해진다. "고마워." 하면 될 일을 '왜 그러냐?' 고 따져 묻기도 한다. 스스로 시도하거나 도전하는 것은 힘들어진다. 때에 따라 조심성이 과도해진다.

잔소리가 잔소리하는 사람에게는 사랑의 표현일 수도 있겠지만, 정도를 넘었을 때는 상대방에게 큰 상처를 주게 된다. 아이 실수를 보는 순간, 보모는 이 기회를 놓치지 않는다.

"왜 그러는지 몰라. 옆집 아이는 잘만 하는데."

"누구랑 어찌 그리 똑같아! 넌 매번 그러냐!"

아이의 실수나 단점을 보는 순간, 먹이를 발견한 독수리같이 어머니는 이때를 놓치지 않고 달려간다. 잔소리 폭격이 시작된다. 아이가 반응이 없으면, 어머니 말을 듣고 있지 않아서 잔소리하고, 말을 하면 대꾸한다고 아이에게 잔소리한다. 집요하게 따라 다니면서 간섭하는 것은 조언이 아닌 잔소리에 가깝다. 생각할 시간을 주지 않고 하는 잔소리로 아이는 학습된 무기력의 늪에 빠져 동기유발이 요원해진다. 아이는 어떤 것도 하고 싶지 않게 된다. 자신이 무언가를 좋아했던 기억도 없다. 지속적 잔소리를 하면 상대방을 무기력의 늪으로 밀어 넣은 격이 된다.

1967년, 심리학자 셀리 히먼은 개를 대상으로 자극 반응 연구를 했다. 개들을 두 그룹으로 나눠서 전기충격을 가한다. 두 그룹의 전기 강도는 같았다. 첫 번째 그룹 개들은 피할 수 있도록 했고, 두 번째 그룹 개들은 피할 수 없게 했다. 한차례 실험이 끝난 후, 두 번째 그룹 개들을 피할 수 있는 상태에서 실험을 다시 진행했다. 실험 초기에는 으르렁대고 짖는 반응을 보인다. 딱 거기까지였다. 곧 무기력 상태에 빠져 충격을 오는 대로 받아들이며 장애물을 뛰어넘으려고 시도하지 않았다. 학습된 무기력은 우울증의 원인을 설명하는 대표적인 실험으로 뽑힌다. 통제할 수 없거나, 해결책이 보이지 않는 일상적 경험이 장기간 지속하면, 이후, 본인 힘으로 타개할 수 있는 경우에도 시도 자체를 포기하고 주저앉아 수동적으로 난관을 받아들이기만 하게 된다. 아이가 스스로 '나를 죽여라, 죽여.'라고 수동적으로 엎어져 버린다. 무기력증은 그렇게 나타난다.

요즘 초등학교 다니는 나이 때는 '말 잘 듣는 것'이 부모에게 효도하는 것이고, 중학교 때는 '좋아하는 것이 확실하게 있는 것'이 효도하는 것이라는 말이 있다. 초등시절 아이에게 잔소리를 듣기 싫어 조용하고 말 잘 듣는 역할을 연기한 것이라면 어떨까? 그런 경우 중학생이 되어 무기력에 허우적거릴 수 있다. 분노는 있지만, 분출하지 못 하는 실험실의 개처럼 학습된 무기력은 아이의 발목을 잡는다. 많은 중학생은 꿈도, 하고 싶은 것도 없는 상태가 되어 있다. 중학생이 꿈이 없는 것은 오로지 아이의 탓만은 아닐 것이다.

잔소리를 계속 들으면, 결과 없는 인생이 편해진다. 결과가 있어도 잔소리를 듣기 때문에 할 필요가 없어진다. 어떤 결과에도 만족스러운 대답을 듣기 힘들다면, 아이는 아무것도 하지 않을 것이다. 매번 잔소리할 것을 찾아내는 헤매는 하이에나 같은 부모에게 아이들은 소극적 반항하게 된다. 사냥감이 되지 않겠다고 스스로 철창에 갇혀 잔소리하는 부모의 즐거움을 빼앗는다.

잔소리하는 부모님 중에는 자기 능력이 없다고 의식하는 경우가 있다. 자기 약한 모습을 들키기 싫어서 세상을 향해 선제공격한다. 세상이 두려운 부모는 강박적으로 잔소리를 한다. 작은 강아지가 세상이 무서워서 무작정 짖어 대는 것과 비슷하다. 자신이 작다고 누군가 함부로 보지 못하도록 하는 것이다. 작은 강아지는 체구에서 밀릴까 걱정도 되고, 세상이 싸움을 걸기 전에 으름장을 놓는다. 노인이 되면 걱정이 많아 주변인을 따라다니면서 잔소리를 하곤 한다. 자기 권력이 서서히 없어지는 것의 두려움이 잔소리로 발현되기도 한다. 노인이 잔소리하면, 듣는 상대방이 존경하는 마음으로 듣기보다는 '또 시작이다.'라고 생각하는 경우가 많다. 신뢰 관계를 유지하기 위해서 잔소리를 하고 싶어도 입을 닫는 것이 관계 향상 효과적이다.

먼저 삶을 살아온 어머니는 아이에게 인생 선배이다. 오래 살았으니 아는 것도 많다. 도움될 수 있게 이야기해주면 시행착오 없이 잘할 수 있을 것 같다. 지름길이 아닌 길을 가니 아이가 하는 행동이 어눌해 보인다. 아이의 행동에 답답하고 화가 올라온다.

"야! 반대로 신었잖아."

아이는 어머니를 아랑곳하지 않고 자신이 느끼는 대로 왼쪽, 오른쪽 신을 바꿔 신는다. 그런 시기가 있다. 아이 눈에는 맞아 보인다. 어머니는 덮어놓고 화를 내는 것처럼 생각이 들기도 한다.

"이렇게 말이야!"

아이는 제대로 시도도 해보지 못하고 어머니의 제재를 받는다.

"엄마가 신겨준 것 맞으니까 다시 바꾸지 마!"

아이는 암만 봐도 자신이 생각한 방법이 맞는데, 어머니는 아니라고 한다. 자신이 바르다는 것을 틀렸다고 하니, 자기 부정에 빠진다. 다시 아이는 반대로 신는다.

"이렇게 신으면 넘어진단 말이야. 엄마가 어제 그렇게 신지 말라고 말했지!"

시간이 지날수록 잔소리 내공이 높아진다. 아이는 주눅이 든다. 길지 않는 기간, 3개월에서 6개월 정도의 시간을 어머니는 기다려 주지 않는다. 자율성과 자존감이 생겨야 하는 시기에 아이는 부모의 빠른 지적으로 수치심을 느끼게 된다.

엄마는 아이를 잘 키운다고 평을 들어야 한다. 경쟁이 만연한 시대를 자라난 세대일수록 남을 의식한다. 아무도 보지도, 평가하지 않아도 자신 안의 평가자가 잣대를 들고 자아비판 한다. '아이가 다칠까 봐 바로잡아주고, 미리 방지했다.'고 스스로 뿌듯해한다. 머뭇거리는 아이에게 답을 강요하며 화를 낸다. 천천히 길을 돌아간다고 다 나쁜 건 아니다. 주변 환경의 아름다움을 보고 자신을 돌아보고 깨달음을 얻기도 한다. 아이의 긴 인생에서 어쩌면 지름길은 부작용의 원인이 되기도 한다. 다시 그 문제를 되짚어야 하는 경우도 생긴다. 인생을 스스로 터득할 권리를 아이에게 돌려주어야 한다. 스스로 터득하면 자신감도 상승하며, 상승한 자신감은 다른 활동에도 확장된다. 행동은 적극적이고 해결책의 오류가 줄어든다. 빠르면서 정확해진다. 그전의 느린 단계를 스스로 극복해야 한다. 물론 다른 사람이 알려주면 빠른 길로 가는 것처럼 보이기도 한다. 장기적으로 시간이 더 걸리는 비효율적인 것일 수 있다. 큰 문제는 해결하기 위해 풀기도 전에 좌절감을 느껴 아예 안 하려 한다. 어떤 경우 어머니가 바쁜데도, 아이는 어머니가 해줄 거라고 기다린다. 시간에 쫓긴 어머니는 울화통이 터진다. 그것이 악순환으로 되고 어머니는 아이가 혼자 할 수 있는 모든 과정에 관여함에 따른 모든 것을 다 해주는 벌을 받게 되는 것은 아닐까?

옆에 딱 붙어 잔소리를 몰아붙인다. 벽 쪽으로 밀어댄다. 잔소리는 비행기 이코노미석처럼 딱 붙어서 화장실도 가기 힘들고, 오래 앉아있으면 내 몸이 내 것이 아닌 것 같다. 모든 사람은 평온을 갈망한다. 비즈니스석과 이코노미석의 차이점은 공간이다. 서로 간격이 없으면 내 몸이 내가 아닌 것과 같다. 잔소리하는 대다수의 경우, 아이를 자기 소유물로 생각하는 것에 비롯된다.

잔소리에 깔린 생각은 '너! 왜 내 말을 안 들어?'이다. 아이를 인격체로 접근해야 독립적인 주체로 성장할 수 있다. 비즈니스석에 앉으면 넓고, 누워서 밥도 먹고, 직원에게 서빙을 받는다. 마음도 느긋해지고 주위를 돌아볼 여력도 생긴다. 신체적인 공간도 이렇게 사람의 마음을 변화시킨다. 심리적인 공간 역시 아이의 미래를 위해 중요하다. 아이가 생각하고 판단할 수 있는 여지를 줘야 한다. 잔소리는 아이에게 심리적 공간을 없애는 것이다. 몰아붙이니 아이는 생각할 시간이 없다. 아이가 말을 하지 못 할 때는 부모가 일일이 아이를 관찰하고 아이의 관점으로 여러 번 생각하고 행동한다. 그때 아이에게 해주는 이야기는 잔소리보다는 호응이었다. 관찰해야 아이의 상태를 확인할 수 있어서

이다. 아이가 말을 할 때부터 부모의 관찰은 줄어들고 아이 관점으로 바라보는 경우도 줄어든다. 관심도 줄어든 상태에서 아이가 모르거나 행동이 느리면 답답함이 올라와 부모의 잔소리가 시작된다.

시간의 여유가 있는 경우, 아이에게 신발 끈을 몇 줄이라도 묶어보라고 권해볼 수 있다. 시간이 모자라면 할 수 있는 만큼이라도 시도할 수 있도록 시간을 주자. 그리고 충분히 시간이 있을 때는 아이가 느긋하게 할 수 있도록 지켜봐 주자. 기다리는 습관이 되어 있지 않으면, 잠시 쳐다보고 있는 것이 힘들다. 기다림이 육아의 기본이라고 하면 한 번쯤 해봄 직하지 않을까? 엄마가 처음 한 번은 지켜보기가 쉽지 않을 수 있다. 내버려 두고 해낼 때까지 기다려 주는 것은 사교육을 하나 더 하는 것보다 효과 있다. 아이 자신이 자발적이면 엄마가 하라 하지 않아도 자신이 궁금한 것에 적극적인 자세를 갖게 된다. 잔소리를 줄이고 아이의 자율성을 늘릴 기회를 주면, 아이는 엄마 침묵과 믿음만큼 성장해 있음을 보게 된다. 잔소리를 줄인 만큼 자녀의 호기심이 더 성장한다.

부모가 대신 해 주는 역할을 멈춰라

아이가 냉장고 속 물건을 잘 찾다가, 찾기 어려운지 엄마를 바라본다.

"엄마가 찾아줘요!"

"그래."

아이에게 요구르트를 가져다준다. 귤 상자 옆에 가려져 있어서 요구르트를 못 본 것 같다.

"더 먹을 거예요. 더 주세요."

이번엔 아이에게 가져다주지 않고, 아이에게 냉장고 앞으로 오라고 한다. 직접 보고 못 찾은 원인을 알려 주고 다음번엔 스스로 찾도록 위치를 말해준다.

"요구르트는 항상 이곳에 있어. 귤 상자 때문에 잘 안 보였던 거야. 이제 네가 찾아 꺼내 먹으면 돼."

설명하기 귀찮아서 매번 찾아 주면, 또다시 요구르트를 먹으려고 할 때면 엄마를 부른다. 엄마가 없으면 일하는 도중에도 아이가 '요구르트 어디 있어요?'

라고 전화할 것이다. 위치를 말해 두면 오랜 시간 편할 수 있다. 아이도 엄마를 찾는 단계를 없어서 빠르게 자기 욕구를 충족시킬 수 있다. 자산관리에서도 초기 투자금으로 수익을 내어 미래를 행복하게 해주듯, 초기 원리를 알려주면 아이가 답답해하지 않고 바로 찾게 된다. 아이도 자신이 원할 때 알아서 찾고, 부모는 다른 일을 하는 도중에 맥이 끊어지지 않아서 서로 좋다. 더불어 서로 좋은 관계를 유지할 수 있다. 좋은 관계를 위해 적절한 역할 분담이 필요하듯, 아이에게도 자기 힘으로 할 수 있는 영역을 넓혀주자.

이번엔 아이가 빨대를 찾아 달라고 한다.

"세 번째 서랍!"

아이는 두 번째 서랍을 연다. 달려가 찾아주고 싶지만, 아이에게 지시 따라 찾아보게 하는 것도 좋을 기회일 것 같다.

"아니, 세 번째!"

아이는 첫 번째 서랍을 연다. 이쯤 되면 답답해진다. 내가 달려가 찾아줄까 고민한다. 생각을 멈추고 기다린다. 아이에게 다가가 내가 찾아주면, 아이는 자신이 안 해도 되는 일이라고 생각할 수 있다. 어떤 경우는 처음부터 찾아주지 않았던 것을 원망하기도 한다. 그렇게 찾아 줄 거면서 '왜 시켰나?' 하는 생각을 할 수 있다. 평정 심을 가지고 기다려준다. 그때, 비난은 금물이다.

"그래, 바로 그거야!"

아이는 세 번째 칸을 열고 빨대포장지를 뜯어 아무렇지 않게 바닥에 흘려버린다. 다음 번엔 빨대 포장지를 뜯은 후 쓰레기통에 넣어야 하는 것을 알려주어야 하겠다고 생각해 둔다. 떨어진 걸 본 엄마가 바로 버리는 것이 효율적이다. 따라다니면서 쓰레기통에 넣으라고 해도 되지만, 한 번 정도는 넣어주고 다음엔 이렇게 해주면 좋겠다고 부탁하면 효과적이다.

매번 해주면 아이는 자연스럽게 의존적으로 된다. 세상을 배울 기회를 빼앗는 것이 될 수 있다. 어른이 해주면 효율은 높다. 집이 말끔할 것이다. 효율보다 중요한 '효과성'은 떨어질 수 있다. 아이 할 수 있도록 하는 것은 시간이 걸린다. 자율적 기계를 만들려고 하면 여러 단계의 코딩작업이 필요하다. 아이에게 전체를 보고 정신적 단계를 만들 수 있도록 기다려주자.

"화장실에 갈래요."

"그래."

아이는 화장실 사용 후 슬리퍼를 일반적 방법으로 정리하지 않았다. 슬리퍼를 신을 사람이 착용하기 쉽게 아래를 바라보게 비스듬히 세워두었다. 물 빠지는 것은 힘들지만 나름 독특한 방법이었다. 궁금해서 질문한다.

"왜 이렇게 했어?"

"바로 신을 수 있어요."

엄마가 생각하지 못한 방향으로 아이는 욕실화를 세워두었다. 생활 속에서 다른 시각으로 아이디어를 시도한다. 그건 틀렸다고 엄마 방법을 따르라고 하기보단 아이의 작은 시도를 격려해보자. 그 시도로 아이는 독립된 존재가 되려고 한발 내디뎠다. 독립적인 존재가 되어야 창의성이 잘 발휘된다. 독특한 생각에 호응할 뿐, 불필요한 참견은 생략한다. 문제점이 없는지 있는지 따지는 것은 접어두자. 아이는 어떤 것을 보면서 자기 관점을 가시게 된다. 그것을 연구하기 시작한 것이다. 충분히 몰입할 수 있도록 시간을 주자. 그런 기회를 주기 위해서는 아이가 행동하기 전에 부모가 해버리려는 것을 잠시 자제하자. 기다려주는 여백만큼 아이는 성장한다.

부모의 역할은 아이가 실패를 경험하지 못하게 보호하고 지키는 일이 아니라 아이가 스스로 실패를 통해서 무언가를 배울 수 있도록 도와주는 것이다.

아이가 시도했는데 안 되어 양육자를 찾는 것도 아이 몫이다. 도움이 필요하다고 말하는 것도 아이가 결정하게 한다. 구하는 자에게 문은 열린다. 구하지 않았는데도 문을 벌컥벌컥 열어준다면, 어쩌다 문이 안 열릴 때면 원망을 '한 바가지' 듣게 될 것이다. 타인의 도움을 받는 것이 꼭 나쁜 것은 아니다. 자신이 원한다고 의사를 표현하면 그제야 적극적으로 도와줘도 늦지 않다. 원해서 도와주면 아이는 자신이 할 수 있는 것인지 인지하게 된다. 다른 사람이 하는 것을 유심히 살펴볼 것이다. 그것 역시 배움으로 연결된다. 아이에게 주도권을 줘야 아이의 삶은 본인이 주인이 될 수 있다.

아이가 '엄마 이것 해주세요?' 말할 때를 기다리자. '엄마가 도와주면 좋겠니?' 정도의 가벼운 물음은 가능하다. 그러면 아이는 자신이 할 것인지 선택할 때까지 시간의 여백이 생긴다. 의외로 아이 스스로 많은 일을 해내어 부모는 놀라워하게 된다. 놀라는 부모 반응에 아이 자존감이 상승하는 선순환을 가져온다. 아이가 부탁하면 도와주자. 도와달라고 말할 때까지 부모가 기다리고 있으면, 아이는 도움을 받을 수 있다는 것을 알지만, 역시 스스로 하는 것도 즐기게 될 것이다. 문제해결력과 자신감은 함께 따라온다. 원플러스원, 남는 장사이다. 아이 스스로 생각하고 결정하는 법을 배우게 하는 것이다.

아이가 생활하면서 옷이나 가방 등 생활 물품 구매같이 사소한 선택에서부터 학습지, 학원, 학교를 선택하는 등의 비교적 큰 선택까지 결정을 해야 하는 상황에 부닥친다. 계속되는 모든 선택과 결정을 아이 대신 부모가 일일이 해줄 순 없다. 부모가 일방적으로 선택하면, 아이가 스스로 선택하는 법을 배울 기회를 놓친다. 아이가 선택하고 결정할 기회를 주어야 한다. 옷을 입고 다니는 사람도 아이고, 가방을 메고 다닐 당사자도 아이다. 학습지를 하던, 학원에 다니던, 공부해야 할 당사자 또한 아이다. 부모는 큰 범위만 정해주는 거로 충분하다.

　먼저 아이에게 부모가 허용하는 범위를 지정해준다. 부모와 함께 살아가는 아이들은 부모 영향에서 완전히 벗어나서 고를 수는 없다. 이것은 적당한 타협이 필요한 민주적인 의사소통에도 중요한 것이다. 민주주의의 주권은 국민이 갖고 있다. 아이도 민주적인 주권을 행사하려면 그런 형식의 의사소통이 필요하다. 선택을 본인이 하는 것도 주체적인 국민이 되는 방법이다. 아이에게 가능한 학원 중 몇 군데를 정해두고 아이에게 선택할 수 있게 하는 것이다. 자녀가 아이스크림을 살 때도 아이가 고민하고 선택하도록 하자. 도와준다고 선택까지 해주면 아이가 맛없다고 안 먹으면, 그 아이스크림도 부모가 다 먹어야 한다. 선택하게 해주는 것은 그만큼 책임이 따른다는 것을 알게 된다.

　만약 아이 학습지를 선택한다고 하면, 아이에게 적당하다고 생각하는 학습지 2~3가지를 정해두고 아이가 결정하는 것을 따라 준다. 그중에 엄마가 생각하고 있던 것을 강요하는 것은 금물이다. 부모의 의도와 다른 선택을 해도 아이를 믿고 기다려 주는 자세가 필요하다. 선택하라고 해서 자신이 결정했는데 부모가 바로 설득하려고 하면, 다음번 선택에 아이는 소극적이여 진다. 내가 선택해도 최종적으로 부모 마음대로 바꾸리라는 것을 알기에 주체적인 생각을 하려고 하지 않는다. 이 경우 민주적 의사소통이 아니라, 부모가 절대주의적인 위치를 갖게 된다. 시행착오는 그에 대비되는 다른 것과 장단점을 확인할 기회이다. 부모는 큰 범위만 정해주면 된다.

　아이가 신발을 반대로 신었다고 해도, 몇 개월 정도가 지나면 바로 신는다. 그 기간을 부모는 기다려 주기 힘들다. 아이가 신발을 반대로 신어 넘어질까 걱정도 된다. 바로 신었으면 좋겠으니, 엄마가 해주겠다고 말을 하고 아이를 위해 해주는 것은 어느 정도 괜찮다. 매번 아이에게 핀잔을 주면서 바로 신으라고 비난 섞인 말을 하며 신겨준다면 아이의 자존감은 떨어질 수 있다. 일일이 간섭하면, 자존감을 키우기 어렵다. 신발을 반대로 신은 잘못에만 집중되어 다른 일을 할 때도 역시 아이는 소극적으로 행동한다. 또는 '엄마가 다 해주세요.' 라는 소극적 모습을 보인다. 자신의 손, 발을 안 쓰는 아이로 자랄 수 있다.

부모의 역할을 최소화를 하자. 최소한만 도와주고 아이에게 단계를 알려주고 기다리자. 단계마다 아이가 해내면 호응을 해주고, 다음 단계로 갈 수 있게 독려하자. 잘하다가 아이가 처음부터 안 하려고 도움을 청하면 들어줘라. 하고 싶지 않은 날도 있을 수 있다. 그 시간을 충분히 받아주자. 아이는 자신이 인정받고 있다는 것을 알기에 다음번에 시도할 힘을 얻을 수 있다. 하기 싫다는 경우에 억지로 시키지는 말고, 스스로 할 때는 덕택에 엄마가 편하다고 격려를 해준다. 아이의 자아존중감이 다음 단계로 나아가는 힘으로 작용한다.

아이의 방 청소를 엄마가 다 해주는 경우가 있다. 아이가 하는 것이 답답해서 모조리 해준다. 아이가 할 수 있게 기다리지 않고 자기 방식으로 해 줘버려야 속이 후련하다. 깨끗한 환경이 유지되기를 원해서 그러는 경우도 있고, 남편 와서 '당신은 집에서 뭐 하는 사람이냐?' 는 소리 듣기 싫어서 치우는 경우도 있다. 시간이 지나 아이가 좀 크면 갑자기 '그 나이에 남들 다하니 너도 해야지.' 하면서 시킨다. 아이가 해본 적 없는 상태에서 '이제 너 스스로 해봐라.'는 힘들다. 어린 시절 놀이처럼 정리할 기회가 사라진 후에는 아이에게 정리정돈은 일로 다가온다. 정리에 대한 스트레스 정도가 높아진다. 나이가 해결해주는 것이 아니라 스스로 즐겁게 해본 경험이 중요하다. 엄마 잔소리의 강도와 빈도가 높아진다. 잔소리는 아이가 어릴 때는 듣지만, 아이가 클수록 부모와 의견다툼으로 번진다. 이런 상황이 계속되고, 감정이 누적되면 큰 다툼이 된다. 아이가 시기에 맞게 청소하는 방법을 찾을 수 있는 경험을 제공하자.

부모는 아이가 '혼자 되지 않게 지켜주는 것'이 아니라 아이 '혼자서도 잘 있을 수 있게 지지해 주는 존재'다. 아이는 부모의 눈에 한없이 귀엽고 사랑스럽다. 그런 아이도 언젠가 성인이 된다. 아이 혼자의 힘으로 살아야 하는 순간이 온다. 어릴 때부터 스스로 일을 해내며 홀로 나아가도록 도와줘야 한다. 계속 돌봄만 받은 아이가 갑자기 세상에 내 던지는 것은 아이를 더 고통스럽게 한다. 한꺼번에 들어오는 혼자 해야 한다는 압박이 감당 안 되기도 한다. 아이가 하나씩 해보도록 지지하는 부모가 아이를 진정 독립된 개체로 클 수 있게 도와주는 것이다.

보통 인간 평균수명을 미뤄보면 부모가 죽은 뒤에 아이는 30~40년을 더 산다. 그때도 부모가 아이 옆에서 계속 대신해줄 순 없다. 부모가 말하기 전에 대신해주는 것이 익숙한 아이가 중년이 되어 떠난 부모 빈자리를 힘들어 할 것이다. 세상의 많은 것이 두렵고 어려워서 그 불안함으로 온종일 짜증을 낼 수 있다. 아이가 세상에 당당히 설 수 있는 자신감 있는 성인이 되면, 그렇게 키워주신 부모를 떠올릴 때마다 감사를 느낄 것이다.

이기심과 배타심을 내려두라

　'아기가 이제 기저귀를 그만했으면 좋겠다.' 대소변을 가리게 될 때쯤 되면 조급해진다. 부모는 아이를 위해서 최선을 다해 살고 있고, 삶은 아이 중심으로 돌아간다. 정말 아이를 위한 것이 맞을까? 물론, 아이 엉덩이가 헐어서 걱정되어 대소변 가리기를 훈련하는 것일 수 있다. 그렇다고 하기엔 요즘 기저귀는 흡수력이 좋아 몇 번을 싸도 뽀송뽀송하다. 아이의 엉덩이를 지키려고 말하기엔 설득력이 부족해 보인다. 엄마가 생각하는 대소변 가릴 개월 수까지 기저귀를 차고 있다면, 신경 쓰는 것이 싫은 것도 깔려있다. 진정한 욕구는 아이가 계속 기저귀를 하면 어린이집 선생님이 아이가 느리다고 생각하지 않을까? 대소변이 안 되는 것은 '아이 엄마가 멍청하다'고 생각할 수 있지 않을까, '엄마가 멍청한 것이 아니라면 엄마가 아이를 신경 쓰지 않는 것'이라고 생각할 수 있다. '엄마인 나에게 오점이 남을 수 있다'는 생각까지 연결된다.　아이를 위한다고 말을 하면서, 사실 엄마의 마음은 본인이 불편해서였다. 아이가 기저귀를 오래 한다는 것이 자신에게 불편함을 주는 행위라고 생각하는 것이 깔려있다.

대다수 부모는 아이를 위해 하는 행동이라고 말한다. 아이를 위해 공부하라고 한다. 가슴에 손을 얹고 깊이 생각해 보자. 이 아이가 성인이 되어 경제적 자립이 힘들면, 늙은 나에게 의지하게 되지 않을까? 부모에게 아이가 의지할까 봐 공부하라고 한 건 아닌지 자신을 돌아볼 필요가 있다. 아이를 위한다고 하는 말이 사실은 부모 위주의 이기적인 생각을 바탕으로 한 경우가 있다. 그럴 때면 아이와 부모는 소통이 힘들어진다. 부모가 바라보는 시선이 아이와 다르면 벽에 부딪힌다. 마음을 나누면 친구가 된다. 관점이 다르면 친구가 되기 어려운 것처럼 마음을 나누려면, 상대방의 관점을 이해해야 한다. 부모와 소통이 안 되는 경우 부모는 오직 자기 입장에 서서 아이의 문제점을 이야기하고 있다. 자기 자식이니, 아이를 위한다는 포장을 하게 된다. 부모 마음 깊은 곳엔, 순수하게 아이만을 바라보지는 않는 경우가 종종 있다. 문제는 부모가 그것을 인지하지 못한다는 것이다.

아이에게 '공부해라!'고 말을 하면 아이를 위한다고 생각한다. '잘 돼라.'는 말 속에는 사실 네가 공부를 하지 않으면 대학을 들어가기 어려워진다. 대학 가기 힘들면 취직하기 쉽지 않다. 취직이 되지 않으면 결혼도 하기 힘들어지고 자기 삶을 지키기 어렵다. 성인이 된 네가 내게 빌붙어 살까 봐 걱정이다. 엄마는 오늘도 아이에게 공부하라고 한다. 불안한 아이 미래가 나를 불편하게 한다는 생각으로 '공부해라!' 압박하지는 않는지 생각해 보자.

아이에게 '잘 좀 먹어라!' 라고 걱정되어 말한다. 아이가 잘 크라고 먹으라는 의미지만, 마음 깊은 곳은 아이가 제대로 크지 않으면 부모는 타인에게 비난받을 것 같다. '엄마가 애를 어떻게 키우길래? 저리 안 크냐!' 라고 말이 들리는 것 같다. 아이에게 '잘 먹어라!'고 하고 적게 먹거나 안 먹으면, 안 먹는 아이보다 부모가 더 스트레스 받는다. 내가 이것 준비한다고 고생했는데 안 먹으면 속상하다. 감정이 욱하며 올라온다.

성적표 석차가 좋지 않은 경우 못마땅한 이유는 부모가 창피를 당하고 싶지 않기 때문이기도 하다. '꼴찌가 될 때까지 뭘 했나?' 부모인 본인에 대한 사람들의 질타가 듣고 싶지 않다. 아이가 성적이 나쁘면 엄마는 마음이 편치 않다. '커서 뭐가 되려고 그래?' 자녀를 다그친다. 그 물음은 아이의 장래 희망을 묻는 것은 아닐 것이다. 다른 의미로 성인이 된 네가 나에게 생활비 달라고 할까 봐 걱정이다. 공부해서 알아서 자기 살 궁리를 찾아라. 부모인 나에게 빌붙을 생각은 말아라. 말은 너를 위해서이지만, 사실 부모 노후의 삶에 평온을 지키기 위한 압박이다. 아이는 부모에게서 강요받는 느낌이 들면 그 말을 마음으로 듣지 못한다. '아이가 힘들 수 있다.'는 이해가 우선이다. 닫힌 마음을 열기 위해선 아이 관점으로 대화를 해야 한다. 아이는 나의 관점을 이해해 주는 부모에게 가슴을 열고 마음으로 듣게 된다.

내 이기심이 바탕이 되어 잘되라고 했던 모든 말과 행동은 결과가 좋지 않게 돌아온다. 물론 당신은 이기심으로 아이를 대했다고 생각하지 않을 수 있다. 아이는 본능적으로 부모의 감정을 읽는다. 엄마의 사랑으로 느껴지기보단 엄마의 '이기심이 아닐까?' 의심할 수 있다. 내 마음 저편에 있는 이기적인 마음은 아이도 모르게 전달된다. '엄마는 자기밖에 몰라.'라고 생각할 수 있다. 그러면 당신은 당황한다. 아이 행동에 놀라거나, 분노를 표출할 수도 있다. '다 너 좋아지라고 하는 말이다.' 때에 따라 당신은 의욕이 상실되어 무기력해지기도 한다. 그런 경우, 내가 아이 관점으로 이야기한 적이 있는지 돌이켜 생각해 봐야 하는 순간이다.

당신이 아이의 미래에 대해 걱정한다면, 아이에게 당신이 할 수 있는 범위를 진실하게 말해주는 방법도 좋다. 아이가 미래를 설계할 수 있게 격려하거나 나는 몇 살 때까지 너를 돌봐 줄 수 있는 능력이 있는데, 그 이후에는 네가 알아서 했으면 한다. '스스로 장래를 준비하면 좋겠다.'라고 솔직해지면 아이는 조금씩 자신이 준비해야 하는 몫이 있다는 것을 인식하고 행동할 것이다.

'아이 때문에 내 인생을 저당 잡혔다.'라는 생각에 갇히면, 이기심이 생기고 종국엔 배타심으로 극대화된다. '스스로 공부하게 내버려 두세요.'라는 충고를 듣고 엄마는 갑자기 아이의 숙제를 봐주지 않는다면 아이는 어떤 기분일까? 단계를 밟은 것이 아니니, 아이는 혼자 내던져진 기분이 들 수 있다. 엄마의 내버려 둠이 혼란스럽기도 하다. 때에 따라 엄마의 말이 끝나자마자, 어떤 아이들은 놀 궁리를 한다. 말이 떨어지자마자, 바로 시도한다. 실컷 텔레비전을 보고 놀다가 저녁이 되어 숙제를 하지 못 했다고 엄마에게 도움을 요청한다. 그럴 때면 엄마는 아이에게 자율성을 주었는데, 어쩔 수 없이 나에게 돌아온다고 생각하게 된다.

"내가 네가 그럴 줄 알았다. 그렇게 놀더니! 엄마가 뭐라고 말했니? 스스로 하라고 했지. 네가 그렇지!"

배타심이 나타나는 형태는 '나는 옳고, 너는 틀렸다.'라는 전제가 깔려있다. 본인이 하는 것은 언제나 옳고 아이는 잘 못 하는 존재이다. '나는 나이고, 너는 다를 수 있다.'라는 전제가 아니다. 아이는 모자라는 존재라는 생각에 입각해 있다. 바로 비난의 화살은 미완성된 인간인 아이에게 향한다.

'내가 봐주지 않으면 우리 애는 아무것도 못 해.' '너는 할 수 있는 것이 없으니. 내가 대신해주겠다.' 아이 행동은 미덥지도 않고, 부모도 일일이 다 해주어야지 직성이 풀린다. '나는 잘하고 너는 못 한다.'는 생각에서 나오는 배타심은 아이를 의존적으로 만들기 쉽다.

엄마는 원래대로 자기 이기심을 바탕으로 아이를 훈육하기 시작한다. '공부하지 않으면 다른 선택은 없다. 공부해라!' 안 하면 제재가 있다. 성인이 된 네게 생활비를 주고 싶지 않다. 나에게 손 벌리지 말라. 그러니 공부를 해라. 미래에 내 노후대비자금이 아이에게 나갈까 봐 걱정이다.

"엄마가 이렇게 밥도 다 해주잖아. 넌 아무 생각 말고 공부만 하면 되는데, 왜 그리 힘들어하냐?"

아이를 이해하는 마음은 없고 내 관점으로 아이에게 말을 한다. 소통은 물 건너간 것이다. 대화에서는 내 관점만 있다면 그건 일방적인 소통이다. 불통이 되니 한쪽은 불만이 쌓인다.

나는 옳고 너는 틀렸다는 배타심은 세계 문제에서도 마찬가지이다. 대표적인 것은 종교문제이다. 종교 갈등과 전쟁으로 많은 사람이 죽는다. 지금 이 시간에도 갈등은 계속된다. 신을 위한 내 충성이라고 하며 폭탄을 들고 거리를 나선다. 자기 신이 좋다면 자신만 좋아하면 문제가 생기지 않는다. 본인이 집중해서 믿으면 된다. 그러나 그들은 자신이 믿는 종교 외의 타 종교를 잘못되었다고 생각한다. 자신이 믿는 신의 이름으로 사람들을 죽인다. 당연히 그래도 된다고 생각하는 것이다. 타인을 생각하지 않는 자신만의 관점에서 바라보니 생기는 비극이다. 배타적 종교관이 타인을 헤친다.

말이 아닌 행동으로 의미를 읽는 경우가 더 많다. 말보다 더 많은 정보를 가지고 있는 것이 신체 언어이다. 개인의 메시지에서 비언어적 의사소통은 93%에 해당한다. 말은 '잘한다.'이지만 그때의 상황이나 표정 등이 말과 다른 의미인 경우가 있다. 또 몸짓은 다른 뜻을 의미하기도 한다. 처음에는 상대의 의도를 모르지만, 지속해서 겪다 보면 의문이 생긴다. '나를 위해서라고 말을 하는

데 본심일까?' 의심하게 된다. 조용히 돌아보는 시간을 보낼 때, 나를 위한다고 말하면서 자기 이익만 생각한다고 느끼는 경우가 생긴다. 상대방은 감정을 들키면 아니라 발뺌한다. 한 번 더 '다, 널 위한 거야!'라고 한다. 거기에 불응하면 화를 내거나 분노를 표출한다. 말 한 당사자의 위신과 명예 문제일 수 있다. 아이와 부모의 관계 중 '너는 내 소유'라는 생각이 문제를 일으킨다. '너는 이래야 한다.'는 엄마의 이기심에서 비롯된다. '너는 내 말을 들어야 한다. 내가 맞고, 너는 틀렸으니 내 말에 따라야 한다.' 어느 날 갑자기 '그래, 네 맘대로 해봐라.' 단계도, 원칙도 없이 갑자기 자율성을 키운다고 아이를 내버려 둔다. 네게 자유를 주었으니 알아서 하라는 것이다. 목표의식이나 나아갈 방향을 알려주지 않았다. 그러곤 아이가 해결하지 못해서 엄마에게 요청하기를 은근히 바란다. 아이의 행동이 내 그물에 걸리길 기다린다.

"엄마, 이거 어떻게 해요?"

엄마에게 도움을 청한다. 엄마의 레이더망에 딱 걸렸다. 엄마는 아이에게 해줄 기회를 얻었다. '너는 내가 필요하다.' '너는 내가 없으면 아무것도 못 한다.'는 이기심에서 시작해서 '나는 옳고 너는 틀렸다'는 배타심으로 끝난다. 원리나 방법을 알려주고 다시 해보라고 하지 않고 자신이 해버리고 아이에게 엄마 생각을 주입한다. 엄마는 '역시 내가 하는 방법이 맞았다'고 뿌듯해한다.

자기의 이기심을 아이를 위한다고 말하며 사랑이라고 포장하지 말자. 이기심이 아닌 아이 관점에서 문제를 풀어가는 것에 관점을 갖자. 당신이 느끼는 불안한 마음을 숨기기보다, 아이에게 '어디까지는 엄마가 허용해 줄게.'라고 말해주자. 불안한 마음을 아이에게 구구절절 이야기하라는 것은 아니다. '내가 해 줄 수 있는 부분이 여기까지이니 그만큼은 지켜주길 바란다.'라고 협의하는 것으로 충분하다. 엄마의 영역이 중요하듯, 아이의 영역을 지켜주자. 독립적이면서 함께 할 수 있는 관계로 진화할 것이다.

아이에게 허용 범위까지는 선택의 자유를 인정해 주자. 스스로 책임감 있게 일을 하게 되면 시간이 지날수록 당신도 편해진다. 내 시간을 확보하고 싶다면 이기적인 마음으로 접근하거나 배타심을 들어내는 순간을 줄이자. 이기심, 배타심을 살짝 줄이면 아이에게 얽매였던 시간이 줄어들 것이다. 독립적인 부모가 스스로 자기 일을 해나가는 독립된 아이로 키울 수 있다.

심리적 안정을 위한 사교육을 그만두라

필자가 중학교 3학년 때, 유명 수도권 학원에서 우리 지역까지 내려와 무료 테스트 해준다고 했다. 어머니와 함께 방문했다. 학교에서 배우지 않은 문제가 많았다. 수학은 잘한다고 생각했는데, TEST 후 점수가 100점 만점에 30점이 나왔다.

"어머! 이 학생 아무것도 안 했네. 성적 이대로 가면 고등학교에 가서 힘들어요."

무료 레벨 테스트 해준 상담 교사가 나와 어머니를 번갈아 보며 말을 했다. 그 시절 성적이 썩 좋지는 않았지만, 30점까지는 나오지는 않았다. 점수를 본 내가 더 충격을 받았다. 상담 교사는 어머니에게 심각한 표정으로 몇 마디 더 했다. 자존감이 떨어지고, 기분이 안 좋은 상태가 오래갔었다. 지금도 그때를 떠올리면 얼굴이 화끈거린다. 그 레벨 테스트는 한 번씩 꿈에서도 나왔다. 나이가 들어가면서 횟수는 줄었지만 비슷한 꿈을 꾸곤 했다. 대학을 가고 성인이 되어서도 그때 레벨테스트에서 내가 받은 점수는 무언가를 도전하려고 할 때 불쑥불쑥 올라와 나를 괴롭혔다. 하고자 하는 의욕이 생기다가도 그때 기억이 나의 발목을 잡았다. 그 일 이후 어떤 일을 하기 전에 머뭇거린다. 그때처럼 결과가 좋지 않게 나올까 봐 늘 불안해했다.

'너는 그것밖에 안 되니? 그러니 그런 점수를 받지.' 스스로 채찍질했다. 아직도 나는 그날의 기억이 생생하다. 불안했고, 자존심은 바닥으로 떨어졌다. '나는 해도 안 된다'고 생각하게 만든 사건이었다. 청소년기의 불편한 기억으로 남았다. 레벨테스트가 잘못된 건 아닌지 의문을 갖지도 못했다. 학원에 공신력이 있다고 느껴져서 나를 쪼그라들게 만들기 충분했던 사교육 기관의 힘이 있었다. 왜 사람들은 이렇게 사교육에 맹신하는 걸까?

먼저, 어딘가 보내야 무언가 하고 있다는 생각에 마음이 안정된다. 사교육은 장래 불안을 공략해 등록을 유도한다. 다른 동물과 달리 인간은 아직 다가오지 않은 시간을 대비하려고 한다. 그래서 보험을 들고, 미래 성공을 위해 지금 공부한다. 뭔가 하고 있다고 생각이 들어야 미래에 대한 걱정이 줄어든다. 많은 경우 사교육에 투자하면 그만큼 성적이 비례할 것으로 생각한다. 그래서 결과가 만족하지 않으면 더 많은 돈과 시간을 사교육에 투자한다. 어린이집을 다니는 시기에도 한글을 떼기 위해 혈안이 된다. 조기 사교육 덕으로 대학에 잘 가게 될 것이라는 믿음으로 많은 부모가 노후준비 자금을 아이에게 밀어 넣는다.

또 다른 이유는 대부분 사람의 목표가 대학 입시에 집중되어 있다. 좋은 대학만 입학하게 되면 그다음에는 알아서 인생이 풀릴 것이라는 생각이 있다. 명문대학에 합격하면 취업하기도 쉽고, 전문직에 종사하게 될 것이라 기대한다. 그런데 문제는 사교육에 전적으로 의지해서 입학한 경우에 자기 주도적 학습이 어려워 대학에 가서 방황한다. 스스로 찾아서 학습해야 하는 곳이 대학이다. 자기 주도적 학습을 한 적이 없으면, 모든 과정이 압박으로 다가온다. 압박이 한꺼번에 몰려든다. 그때 가서 자신이 가야 할 길을 못 찾고 방황하게 된다.

2011년 서울대학교 신입생 중 42%가량이 사교육을 받지 않은 것으로 조사됐다. 이는 2008년 20.9%, 2009년 30.5%, 2010년 32.1%로 매년 증가했고, 반면에 사교육을 받았다는 학생은 꾸준히 감소했다고 나온다. 서울대에만 해당하는 것은 아닐 것이다.

사교육 안에는 물음표, 느낌표, 쉼표, 마침표가 없는 학습이 이루어진다. 사교육엔 물음표가 없다. 사교육 안에서 물음을 갖기 어렵다. 학습자가 궁금한 것이 생겨서 진행되는 것이 아니라. 시험에 나오기 때문에 공부를 하는 것이다. 뭘 모르는지 뭘 아는지 모르는 상태에서 물음은 없다. 물음표가 없는 교육이다. 선행학습을 꾸준히 받은 경우 현상은 심각하다. 진도에 맞춰 따라가며 주입하고 성적을 위한 문제를 풀기 바빠진다. 그래서 시간을 잡아먹는 질문시간을 권장하지 않는다.

고교 시절 나는 화학이 어려워 전날 밤, 모르는 문제는 쉬는 시간을 이용해 담당 선생님에게 질문했다. 수업시간, 질문거리를 찾기 위해 열심히 들었고, 집에 가서도 확인했다. 그러다가 또 모르는 것이 생기면 선생님께 찾아갔다. 궁금증으로 시작하니, 스스로 해결하려고 방법을 찾는다. 궁금증이 해결되면서 희열도 느낀다. 그러면 자동으로 높은 수준으로 들어가려고 노력하게 된다. 성적향상이라는 외적 결과 보다 알아내는 성취감을 통한 내적 동기가 선순환을 이룬다.

사교육엔 느낌표가 없다. '아하!' 깨닫는 단계가 생략된다. 시험 결과만 좋으면 되므로 과정을 통해 느끼는 기쁨은 생략된다. 나는 2차 방정식 해법을 찾고 문제를 풀었다. 기초를 닦고 2차 방정식을 풀고 답을 찾은 순간, '아하!' 하는 소리가 저절로 나왔다. 학창시절 공부하는 중에 기억나는 장면은 방정식을 풀면서 즐거움에 빠졌다. 2차 방정식을 재미로 접근했다. 애쓰지 않아도 흥미가 있으니 열심히 풀었다. 풀면 풀수록 기쁨이 올라왔다.

학원명으로 '유레카'를 많이 볼 수 있다. 아마도 수학자이며 물리학자였던 아르키메데스의 유레카에 의미를 반영한 듯하다. 원주율을 계산했고 세상의 모래알 수를 계산했다. 그는 투석기를 개발한 무기 개발자이기도 하다. 지렛대 원리를 발견했고, 원뿔, 원기둥, 구의 체적 간의 비례관계도 밝힌다. 체적 간 비례관계를 자랑스럽게 여겨서 자신의 묘비에 1:2:3라는 숫자가 새겨져 있다. 그가 발견한 것 중에 우리가 잘 알고 있는 일화는 부력이다. 히에론왕은 왕관이 순금이 아니라는 것을 증명할 방법을 알아내라고 했다. 목욕할 때 아버지의 목욕물은 넘치지 않는데, 자신이 들어가자 물이 넘치는 것을 보고 왕관의 금 함유량을 찾아낸다. 은이 섞이면 부피가 커져 부력도 커지므로 넘치는 물의 양이 차이가 날 수밖에 없다는 것을 깨달은 것이다. 이를 발견한 아르키메데스는 맨몸으로 '유레카! 유레카!'라고 외치면서 왕에게 달려간다. '유레카'는 알아냈다를 의미한다.

사교육엔 쉼표가 없다. 공부하는 아이의 머리를 쉴 절대적 시간이 부족하다. 문제집을 풀고 또 푼다고 자기 생각을 할 틈이 없다. 자기가 생각해야 문제가 궁금할 텐데. 궁금하지도 않고, 쉼이 없으니 문제풀이에 대한 훈련만 반복되어 자기화되는 학습 소화의 시간도 없다. 잠을 자야 정리가 되고, 쉬어야 생각할 시간이 생긴다.

일어나면 학교 가고 저녁에는 학원가고, 멈춤 없이 경쟁하니 쉬고 싶어도 쉴 수가 없다. 교육의 만족도는 떨어진다. 시험 기간이면 학원에서 주말과 공휴일

없이 아이들을 학습시킨다. 쉼표 없이 계속된 반복 학습에 공부는 하기 싫은 것으로 마음에 남는다. 인간은 머리를 써서 살아남은 동물인데, 공부를 싫어하게 되면 삶도 브레이크가 잡힌다.

넷째, 마침표이다. 인간에게 삶 자체가 끝없는 배움의 과정이다. 최근 취직해야 하는 대학생도 스펙을 쌓기 위해 학원에 간다. 그렇게 입시가 끝나도 학원 수강은 멈추지 않는다. 대학생은 대기업에 합격하기 위해서 학원에 다닌다. 학원에 다니지 않으면 불안이 가중된다. 이쯤 되면 사회 전체가 학원에 중독된 것이 아닐까? 독학해도 되는 것도 일단 학원을 등록한다. 족집게 강의를 들어야 마음이 편하고, 합격이 가능할 것 같다. 문제은행 출제가 된다면 전문적 학원에서 문제를 열심히 뽑아서 제시한다. 지식 정보화 사회가 된 4차 산업시대에도 계속 학원에 가야만 능력을 키울 수 있는 것인지 생각해 봐야 할 것이다.

언뜻 사교육이 도깨비방망이처럼 뚝딱 공부를 잘하게 해 줄 것 같다. 도깨비방망이를 휘두르면 아이가 잘하게 된다면 얼마나 좋겠냐는 마음에 사교육을 찾는다. 아이가 하고자 하는 의욕과 상관없이 성적만 잘 나온다면 좋을 것 같다. 동기 부여해 주는 과정 없이 편할 것 같다. 옆집 아이는 11개를 해내는데, 우리 아이만 3개밖에 모르면 학교 가서 기죽지 않을까 걱정이다. 불안을 잠재우기 위해 사교육에 돈을 투자한다. 아이는 즐거움과 호기심이 사라진 상태가 된다. 학습 의욕이 시려진다. 학원에선 나사 연구원이 풀어야 할 정노의 어려운 문제를 가져와 레벨테스트를 한다. 시간은 없고 풀어야 할 문제는 많다. 자존감은 떨어지고, 무기력에 빠진다. 레벨테스트 후 부모는 불안해진다. 학원 다니면 아이가 단번에 좋아질 것 같은 마음이 든다. 사교육은 그런 부모 심리를 잘 알고 있는 듯하다.

내가 학원 강사 할 때, 학생들에게 궁금증을 불어넣기보단 시험해 나올만한 문제를 푸는 것에 시간을 사용했다. 내적인 호기심이 외적인 보상보다 오래가고, 몰입의 효과도 크다는 것을 알았지만, 현장에서는 적용하지 못했다. 짧은 시간에 최대 효과를 내려면 아이의 호기심을 해소하기에는 역부족이다. 그런 아이들은 대학을 가서도 한동안 스스로 연구한다는 의미를 찾기 힘들다. 오랫동안 문제 풀이에만 집중했던 공부 방법만 머리에 남아 있다. 스스로 문제를 찾고 푼다는 것이 남의 옷을 입은 듯 생소하다. 학원처럼 외부에서 지식을 주입해 버리면 연구하는 능력은 필요 없다. 연구하지 말고 그 시간에 공식 암기하라는 말이 날아온다. 용불용설처럼 아이의 연구력이 쇠퇴한다. 외부에서 소화제를 넣어주니, 내부에서 위장이 운동하지 않는 것과 같다. 소화효소를 생성할 필요가 없어진다. 죽 먹으면 소화기관에서 할 일이 없어지는 것과 마찬가지다. 부드럽지 않지만, 스스로 씹어 넘겨야 소화기관에 능력을 유지해준다. 우주인들은 무중력의 생활에서 근육 자극을 받지 않으니 근육이 느슨해진다. 퇴화한 근육을 중력의 압박이 있는 지구에서 단련시켜야 한다.

중고등학교 입시 중심 사교육이 아이의 생각 근육을 약하게 한다. 꾸준히 생각 근육을 단련시켜 생각을 키워서 해답을 찾도록 유도해야 한다. 자신이 하고 싶어서, 호기심이 생겨서 할 수 있도록 분위기를 조성해야 한다. 자극을 주고 스스로 찾아갈 수 있도록 길을 만들어 주자. 아이를 믿고 스스로 찾아갈 수 있도록 부모가 코치해주자.

외적 보상을 경계하라

외적 보상은 행동주의 심리학자에 의해 강조되었다. 외적보상의 사전적 의미는 학습활동 자체와 관계없이 외부나 타인에 의해서 통제되는 것이다. 주로 돈이나 음식 그리고 특권 등이 주어진다. 단점은 오직 외적 보상에만 치중하면 도리어 학습 흥미와 동기를 저하된다. 자유 시간의 보상으로 성과를 보였던 과제를 스스로 학습하려는 태도를 감소시킨다는 보고가 있다. 문제를 선택할 때도 외적보상을 받은 학생이 쉬운 문제에 안주하는 경향도 보인다. 어려운 과제를 탐구하기보다 타인에게 칭찬을 받을 수 있는 쉬운 것을 찾는다. 타인의 시선에 의해 자신의 선택이 달라지는 것이다. 장기적으로 주도적인 학습능력을 저하한다.

외적보상과 비교해서 내적보상의 예로는 이런 것이 있다. 새로운 것을 배우면 우리는 전보다 똑똑해졌다는 느낌을 받는다. 내적 보상은 활동 그 자체에서 느끼는 뿌듯함이다. 운동을 매일 하면 근육이 단련되어 피로가 덜 느껴지는 것을 알기에 찌뿌둥한 하루를 보내기 싫어 운동을 지속하게 된다. 내적 동기로 인해 행동을 계속하게 한다. 다른 사람을 도와주면 뿌듯한 느낌이 있다. 속 깊은 친구와 이야기 하면 마음이 든든해진다. 내적 보상은 그 행동 자체가 계속할 수 있는 강력한 유인력이다. 보이지 않지만, 대다수 사람에게 작용하는 것이다. 활동 자체에서 나오는 희열감이다. 희열감의 지속 시간도 외적 동기보다 대체로 길다. 지속적이고 반복적인 활동의 경우, 내적 동기가 외적동기보다 우선시된다.

중력이 모든 사람에게 작용한다. 중력은 보이지 않는 것이지만 보이는 인간과 사물 모두에게 그 힘은 작용한다. 즉, 보이지 않는 것이 보이는 것을 지배한다. 외적 보상에만 집중하여 공부하게 된 경우, 외적보상이 사라지면 공부해야 하는 이유도 함께 없어진다. 외적보상이 상실되면 당위성도 사라진다. 외적인 보상으로 단기적 성적상승을 볼 수 있을지 몰라도 장기적으로 독이 될 수 있다. 외적보상으로 아이를 중학교 1학년까지 끌고 오다. 중2병이 걸리면 외적보상을 오히려 아이가 협상하거나 협상이 결렬되면 아이가 반항적 행동을 보이기도 한다. 지금껏 나를 위해 공부한 것이 아니고, 부모를 위해서 공부를 했다고 생각하기도 한다. 내가 공부하지 않는 이유를 남 탓으로 돌린다.

물건을 소유하는 것과 경험을 느끼는 것 중에 어디에 중심을 두고 사느냐에 따라 삶의 질이 달라진다는 연구가 있다. 미국 미네소타대학 연구팀이 8~18세 어린이와 청소년 250명을 대상으로 진행한 실험에서 '무엇이 나를 행복하게 하는가?'라는 질문에서 제시한 100개의 단어와 이미지로 제시했다. 자존감이 높은 아이들은 열심히 공부해서 성적이 올랐을 때의 성취감, 친구와 스케이트보드 타러 갔을 때의 유대감 등 비물질적인 항목을 지목했다. 반면, 자존감 낮은 아이들은 새 옷이나 스마트폰 등 물건 소유에 관한 항목을 지목했다. 물질에 익숙해진 아이는 물건을 소유할 때 행복하다고 느낀다. 새로운 물건을 소유하는 기쁨은 길지 않다. 물건을 얻었을 때 감흥은 그리 오래 가지 않는다. 우리의 지난날 경험이 그것을 증명한다.

진정한 동기는 계속하려는 에너지를 지닌다. 발전 가능성이 책임감, 승진, 인정으로 발현된다. 연구결과를 보면 외적보상을 받기 위한 목적으로 변하면 재미있었던 일은 고역 된다. 창의력이 발현되기 위해서는 내적 동기가 중요하다는 점에는 이견이 없다. 내적 동기를 위한 외적 보상이 주어지면 내적 동기가 감소한다는 것은 때에 따라 약간씩 차이가 있다.

외적 보상이 내적 동기를 보충해 주기도 한다. 외적 보상이 '내가 상당히 능력 있는 사람이다.'라는 유능함을 나타내는 상징적인 기능을 한다면 내적 동기가 감소하지 않을 수 있다. 자격증을 따는 것에 몇 점 이상이면 우수 장학금을 주겠다는 것은 내적 동기를 훼손하지 않는다. 외적보상은 탐구의 적이다. 미지의 세계탐험, 모험 감수 등은 활동 자체에서 나온다. 익스트림 스포츠를 좋아하는데, 누가 돈을 준다면 하기 싫어질 수도 있다. 돈 주고 하면 고역으로 바뀌는 경우가 종종 있다. 취미였던 것이 일이 되어 돈으로 받기 시작하면서 흥미가 떨어지는 경우도 있다. 또 답이 없는 문제에서는 외적보상이 도움이 안 된다. 풀리지 않는 수학 공식은 명예의 전당에 오른다고 시도하기보다는 문제 자체에서 느끼는 자신 안의 동기로 푸는 행동을 지속하게 한다. 모방해서 충분히 일할 수 있던 시대가 가고 스스로 탐구해야 하는 시대가 도래했다. 아이에게도 내적 동기를 통한 탐구력을 키우는 것이 중요해지고 있다.

물질적 만족에 익숙한 아이는 정신적 만족을 느낄 틈이 없다. 작은 물건에 더 이상 만족이 안 되면 더 큰 물질적 보상을 원한다. 물질적 보상이 끝나면 그 행동을 계속할 동기를 잊어버린다. 잘했다고 의미하는 엄마의 미소도 엄밀히 말해 아이에게 외적 동기이다. 돈, 칭찬, 격려, 환경적 변화가 외부 동기부여이다. 아이가 평생토록 적극적이고 도전적인 삶을 살기 위해서 내적동기에 힘을 실어줘야 한다. 자신을 믿는 데 도움이 되는 경험은 살아가는 힘이 된다. 내적 동기는 일에 대해 느끼는 흥미, 호기심, 열정, 도전, 성취 등 스스로 그 일을 할 수 있는 자동장치이다. 여유를 가지고 아이가 심심함을 이겨내고 탐구할 수 있는 시간을 허용해 주자.

아이는 나무 올라타기, 담력 운동 등의 놀이기구를 타는데 다른 아이들보다 뛰어나다. 같은 또래 아이들의 추종을 불허한다. 그건 놀이터에서 온종일 살기에 가능했다. 해보라 강요하거나 보상을 준 적이 없다. 스스로 하다 보니 좀 더 잘 하니 더하고 싶어 한다. 그네도 어리다 해서 밀어주진 않는다. 아이는 스스로 터득한다. 그네를 타면서 발 구르기 해보고 어느 순간 시도하더니 능숙해진다. 원리까지 터득한다. 옆에 있는 친구에게 알려주기도 한다. 움직이는 그네 위에서 앉았다가 발 구르기를 계속한다. 재미가 있어서 특별히 외적 보상 없이도 지속하는 시간이 길다. 자신이 하나씩 배워가는 맛이 있다. 내적 동기가 계단이 되어 한 단계씩 상승하는 중에 자존감도 함께 성장한다. 내적 동기는 발전기처럼 스스로 기쁨을 생성해서 지속하게 한다.

처음엔 모험 다리에서 그물을 힘겹게 잡고 어눌하게 지나다닌다. 어느 순간 본인이 '이때다!' 할 수 있을 것 같다는 생각이 들면 나무 위에 걸어간다. 그 시기도 본인이 정한다. 부모는 중심을 잘 잡기 위해 팔을 벌리고 타라고 귀띔 해준다. 해라고 강요하는 것이 아니라 정보만 알려주는 것이다. 여기서 중요한 것은 하라고 말은 하지 않는다. 아이는 스스로 중심을 잡기를 한번 해보고 일주일 후에 다시 한번 더 해보고 스스로 성장하는 것에 재미가 붙어서 이제 두려운 것이 나타나면 엄마를 부르기보다 먼저 자신의 허용범위만큼 조금씩 도전해 본다. 놀이에 몰입하는 시간이 길어지면 자동으로 학습에 관한 몰입도에도 연계된다.

외적 보상을 주기 전에 재미와 열정을 느낄 수 있도록 환경을 조성해 보자. 자신이 가치 있는 일을 하고 있음을 알게 된다. 그 일에 대하여 자신에게 선택권이 있다고 느끼고, 기술과 지식이 있다고 느낄 때, 실제로 진보함을 알게 된다. 인정한다는 것은 '좋다. 나쁘다.'는 것과 상관없이 아이 그대로 받아들이는 것이다. '정말 열심히 했구나. 도와줘서 큰 도움이 되었단다.' 어쩌다 낙담한 일에서도 시도나 지속성 부분을 인정해주자.

전자매체를 내려두라

　남녀노소 가릴 것 없이 스마트폰과 많은 시간을 보낸다. 생활 속 깊숙이 자리 잡아서 화장실 갈 때도 가져가야 하는 물건이다. 스마트폰 하나만 있으면 모든 것을 할 수 있는 시대가 되었다.

　스마트폰은 젖을 물리는 어머니의 지루함도 없애준다. 화장실에 앉아 있을 때 긴 시간 따분함을 날려준다. 생각이라는 걸 하기 보다는 외부에서 온 내용으로 머리를 가득 채운다. 10년 전만해도 여행을 가면 외부와 연결에서 벗어날 수 있었다. 요즘은 시대가 바뀌어서, 로밍 정도는 기본이다. 해외여행을 가도 스마트폰은 놓지 않는다. 스마트폰은 인간 태어나는 순간부터 죽을 때까지 함께 한다. 아침에 눈을 뜨는 순간부터 밤에 잠이 드는 순간까지 스마트폰과 동고동락을 한다. 이제 태어나는 세대는 요람에서 무덤까지 스마트폰과 함께 살아가지 않을까.

아이랑 대화할 때도 아이를 보지 않은 채 스마트폰에 눈을 떼지 않는다. 아이가 '왜?'라고 물어도 스마트폰을 보면서 대답한다.

"이것만 보내고 대답할게."

시간이 지나 아이에게 묻는다.

"아까 뭐라고 했어?"

아이도 궁금했던 것을 잊어버렸다. 호기심 가득한 시간이 지나가 버렸다.

"모르겠는데."

최적의 자극을 줄 수 있는 시간을 놓쳤다. 아이는 관심의 대상에서 멀어졌다. 새로운 영역으로 발전할 기회를 놓쳤다. 아이가 과학자가 되거나 탁월한 발명가가 될 수 있는 싹을 뽑아 버렸다. 물론 다시 기회는 온다. 그때도 스마트폰이 당신 옆을 지키고 있을 가망성은 높다. 아이는 벽을 보고 이야기하고 엄마는 스마트폰을 보다가 아이를 힐끗 쳐다본다. 아이가 말한다. '스마트폰이 되고 싶어요.'

중요한 대화가 아니라도, 통화 중에 아이가 이야기하면 전화하고 있다고 화를 낸다. 전화 예절이라고 전화에 집중해야 한다고, 아이에게 훈육한다. 어른은 스마트폰이라는 오락거리가 생겨서 좋다. 어른이 스마트폰이란 오락을 즐기는 동안 아이는 부모를 스마트폰에게 빼앗긴 것은 아닐까? 모유 수유 중에 이미니는 스마트폰을 바라본다. 스마트폰이 주가 되는 순간, 아이가 젖을 먹이는 것은 부수적인 일로 전락한다. 스마트폰 외의 일들은 부가적인 일이다. 주가 되는 스마트폰 불빛이 밝아지면 아이 얼굴은 어두워진다. 스마트폰의 밝기에 비례해 아이의 마음도 그늘이 진다.

스마트 기기에 중독된 부모 아래에서 자라는 아이는 부모의 사랑에 목이 마르다. 관심을 구걸하고 다니다가 받기 어려워지면 아이도 스마트 기기에 정착

한다. 아이도 스마트폰의 가상세계에 빠져든다. 실제 생활에서 관심 주는 사람이 없으니 가상공간에서 그나마 위로받는다. 아이의 전자기기 중독도 부모의 전자기기 중독에서 비롯되기도 한다. 이것이 중독의 세대교체이다.

고민 상담 프로그램에서 한 여성이 게임중독 남편에 대한 고민을 토로하는 내용이 나왔다.

"제 남편은 게임에 미쳐있다. 스마트폰, 태블릿PC 게임기까지 한꺼번에 켜놓고 게임을 4~5개씩 한다."

30대 부인은 이렇게 말한다. 아이를 돌보지 않고 혼자 스마트폰에 빠져 산다고 고민을 늘어놓았다. 프로그램에 한 게스트가 일침을 가한다.

"캐릭터를 키우지 마시고 이제 아이를 키우세요."

우리 아이들은 생각보다 빨리 자란다. 돌아서면 그 시절이 짧았던 순간이었다.

2016년 전국을 떠들썩하게 했던 사건이 있었다. 아동학대 사건 중 원영 군의 안타까운 사연이 들렸다. 원영 군의 계모 김 모 씨는 아이가 소변을 못 가린다는 이유로 3개월 동안 수시로 때렸다. 겨울에 살균제인 락스를 몸에 퍼붓고 찬물을 끼얹어 욕실 바닥에 방치했다. 원형 군의 아버지는 계모의 학대 행위를 알면서도 모른 척했다.

원영 군의 경우 밥도 제대로 먹지 못하는 끔찍한 학대에 시달렸으나 계모 김 씨는 모바일 게임 아이템을 사는데 큰 돈을 쓴 것으로 조사됐다. 온라인 게임에 수천만 원을 쓰면서 아들에게는 밥도 제대로 먹이지 않았다. 겨울철에도 여름옷을 그대로 입히기도 했다. 가상세계에 캐릭터를 키우는 곳에 돈을 쓰고 현실의 아이는 살피지 않았다. 아이는 돌아오지 않는 강을 건넌 것이다. 현실 속 아이를 초기화시킬 수가 없다. 아이는 리셋이 되지 않는 곳으로 가버렸다. 시간은 지나가면 다시 돌아오지 않는다. 현실 세계의 시간을 존중하려면 현실에 있는 소중한 사람을 돌보는 것을 우선시해야 하지 않을까.

아이를 보호해야 하는 성인이 전자기기에 빠져 사는 것이 문제가 되고 있다. 전자매체 중독에 빠진 부모 아래의 아이들에게 미치는 영향이 사회적 쟁점이 되고 있다. 일상에서 IT 기기가 주가 되고, 정작 양육해야 하는 아이는 부수적이거나 귀찮은 존재가 되어 버린다. 잠시도 TV를 끄지 못하고, 잠들기 전까지 스마트폰을 만지작거리고, 인터넷으로 일을 하거나 집에 와서도 채팅을 놓지 못하고, 메시지를 주고받는다. 디지털 미디어에 지배된 삶을 사는 부모 아래 아이들은 적지 않은 영향을 받을 것이다. 아이에게 부모는 거울이다. 아이에게 부모가 어떻게 비치고 있을지 현재 행동을 살펴보자. 부모와 같은 공간에 있어도 아이는 외롭게 느껴질 것이다. 스마트폰으로 TV를 보거나, 뉴스를 검색하거나, SNS하고 있을 때는 아이에게 영혼 없는 호응을 한다. 아이는 말한다.

"전화기는 내려놓고, 내 말을 들으라고!"

스마트폰을 30센티미터 이상 멀리 둔다. 그리고 아이를 바라본다. 그제야 아이가 보인다.

자세히 보면 아름답고 소중한 순간들이 가득하다. 우리는 평상시 언뜻 보석처럼 반짝거리는 것에 넋을 잃는다. 실제로는 별로 중요하지 않은 것을 본다고 소중한 것을 놓치고 산다. 현재 옆에 있는 사람을 보지 않아서 나중에 후회하게 된다. 어떤 것에 부모가 중독되어 아이가 커나가는 것을 모르고 지나간다.

하루하루 즐겁게 살자. 아이는 생각보다 빨리 자란다. 아이와 오롯이 함께 지낼 수 있는 시간은 길어야 15년 정도이다. 그 행복을 마음껏 즐기자. 돌아보면 내 어린 시절도 순식간에 지나가 버렸다. 아이의 어린 시절도 그렇게 빠르게 흘러간다. 누구에게나 풍요로운 어린 시절 기억은 최고의 선물이다. 아이에게 사랑을 표현하고, 뽀뽀하며 안아주고 뒹굴며 놀아주자. 스마트 기계를 내려 놓고 마주 보고 밥을 먹고, 함께 산과 들을 뛰어다녀보자.

돈은 선하거나 악하지 않다. 그것을 사용하는 사람이 어떻게 하느냐에 따라 돈은 선한 것이 될 수 있고, 악한 것이 될 수 있다. 삶에 편리함을 주는 스마트 폰, 디지털 기기도 돈과 마찬가지다. 유용하지만 때와 장소에 맞게 사용해야 한다. 지나치게 의존하면 삶의 근본이 흔들리게 된다. 분명한 기준과 원칙을 갖고 사용해야 한다. IT 기계에 빠져 살다가 어느덧 아이는 훌쩍 커버린다. 스마트 기기가 현실 속 우리의 추억을 가져가 버리는 것이다. 쉬라고 주어진 시간에도 스마트 폐인이 된 버린 것은 아닌지 스스로 점검해 보자.

지키지 못할 약속을 하지 마라

"집에 가고 싶어."

아이는 지루한 듯 엄마 손을 당기며 쳐다본다. 가족회의가 길어지니 아이가 힘들어한다.

"놀이터 간다고 하고 나왔잖아."

아이는 엄마에게 원망스러운 듯 말한다. 놀이터에 가자고 하곤 가족회의 참석을 한 것이다.

"어른들 이야기하고 있잖아."

아직 이야기 중이라고 엄마는 아이에게 다그친다. 갑자기 생긴 가족 모임이라 아이에게 양해를 구하고 참석한 상태였다.

"알았어. 엄마랑 같이 놀이터 가자. 조금만 기다려줘."

귓속말로 아이에게 약속을 지키겠다고 말했다. 그 후 1시간 정도 대화가 마무리되고 밖으로 나오니, 이미 어두워졌다.

"잘 기다려 줘서 너무 고마워, 지금 놀이터 가자."

아이는 배가 고픈지 놀이터 가자고 호응을 하지 않았다.

"집에 가서 우유 따뜻한 것 먹고 싶어."

놀이터도 안 가고 우유만 먹겠다고 하니 우유만 주고 놀이터 약속은 없는 것으로 할까 생각했다. 만일 그러면 다음에 엄마가 놀이터에 가자고 하고 다른 곳으로 갈까 봐 따라나서지 않을 것이다. 많이 기다린 아이에게 미안하다 하고 다시 의향을 묻는다.

"놀이터에 가기로 했는데, 안 가도 되겠어?"

"응."

아이를 인격체로 존중하면 아이랑 함께한 약속도 소중하게 여기고 인정해야 한다. 아이와의 관계가 제대로 형성이 안 되는 것은 아이를 자기 소유로 생각하고 약속도 대수롭지 않게 여기는 경우에 비롯된다.

내일은 꼭 물놀이장과 놀이터를 가겠다고 말했거나, 버터감자칩을 두 통 사준다고 했으면, 아이는 한 달이 지나도 잊지 않고 기억한다. 부모가 아이와 한 약속은 대수롭지 않게 생각하게 되면, 아이는 부모에 대한 신뢰가 줄어든다. 부모가 한 약속에 점점 기다리기 힘들어한다. 혹시 지키지 않을까 봐, 벌써 조바심이 난다. 지금 바로 해달라고 떼를 쓴다. 왜냐하면 부모를 믿을 수 없기 때문이다. 아이의 사회성 형성의 첫 단추가 부모와의 관계이다. 부모와 관계에서 신뢰가 없으면, 다른 사람의 관계에서도 삐걱댄다.

"6시까지 올게."

때에 따라 회사 일이 미뤄지기도 한다. 약속을 지키기 위해 혼자서 퇴근하기 어려운 경우가 생긴다. 이렇게 워킹맘은 공교롭게 약속 시각에 가지 못하고 야근하는 경우가 종종 생긴다. 만일 아이에게 늦어진다는 전화하지 않고, 엄마

관점에서 대수롭지 않다고 생각하면 아이는 어떤 기분이 들까? 엄마 일하는 시간 내내 아이가 전화하며 불안을 표현하는 경우가 생기기도 한다.

"엄마, 언제 와?"

기다리지 못하고 칭얼거리며 엄마에게 집착한다.

"전화 좀 그만해. 엄마가 일을 못 하잖아."

엄마가 약속을 지키지 않았고, 기약이 없다는 것에 조바심이 생긴 아이는 계속 전화한다. 자주 약속 어기게 되면 집착하게 된다. 또는 약속에 대해 믿음이 사라져 기대 자체가 없게 될 수 있다. 상대가 다음에도 내 약속을 지키지 않을까 봐 벌써 불안하다. 아이가 불안을 느끼기 전에 말해주자. 아이에게 피치 못할 사정이 있다고 말을 하고 다른 방법을 제시하면 아이는 자신이 인정받았다고 생각한다.

"7시까지 돌아갈 수 있다고 약속했는데 돌아가지 못해 미안해. 일을 마치는데 시간이 걸릴 것 같아. 대신 간식을 사 갈게."

시간을 확인해 주고 아이의 약속을 잊지 않았다고 말해주자. 기다리지 못하고 그 자리에서 해결해달라고 하는 경우, 실망으로 많이 힘들어진 것이다. 부모가 신뢰 행동을 꾸준히 보여준다면 아이는 사람을 믿고, 안정적인 생활을 하는 데 도움이 될 것이다. 부모와의 신뢰는 아이가 삶을 살아가는데 중요한 밑거름이 된다.

아이의 발표회를 가지 못하게 되었다면 시간은 되돌릴 수 없다. 약속을 지키지 못했으니, 아이에게 사과하고 지금 가능한 일을 아이에게 제시해 보자.

"엄마가 뭘 해주면 좋겠니? 공연은 어떻게 했는지 궁금하네. 알려줄 수 있니?"

아이에게 관심이 있고, 가지 못한 것에 대한 이해를 구하는 시간을 갖는다.

엄마가 자신에게 관심이 없다는 것에 대해 불안을 보듬어 줄 필요가 있다.

마시멜로 실험은 만족 지연 실험의 대표적 실험이다. 그 마시멜로 실험의 확장 버전이 있다. 3번째 마시멜로 실험은 2012년에 발표를 했다. 초창기 마시멜로 실험 전에 전 과정이 하나 더 있다. 마시멜로 실험 전 두 그룹의 아이들에게 다른 경험을 하게 한다. 세 살에서 다섯 살 아이들 28명에게 컵을 꾸미는 미술 활동 할 것이라고 설명하고 크레용이 있는 책상에 앉게 한다. '다른 재료를 더 줄 테니 기다려라.' 몇 분 후 열네 명의 아이들에게 새로운 미술 재료를 준다. 첫 그룹에는 신뢰를 경험하게 하는 것이다. 다른 그룹 열네 명에게는 새로운 재료를 주겠다고 하곤 재료를 주지 않는다. 두 번째 그룹에는 비 신뢰를 경험하게 한다. 그 후 28명의 아이는 마시멜로 실험을 경험한다. 신뢰 그룹 14명은 평균 12분 기다렸다. 14명 중 9명은 15분간 마시멜로를 먹지 않았다. 비 신뢰 그룹 14명 평균은 3분, 15분까지 기다린 아이는 단 한 명뿐이었다. 신뢰 그룹이 비 신뢰 그룹보다 평균 4배 이상의 시간을 참고 견딜 수 있었다.

신뢰 환경이 아이는 통제력을 키운다. 만족 지연 능력은 어느 정도 키울 수 있다. 부모가 만들어주는 환경에 따라 아이의 자기 조절력, 만족 지연 능력이 발전된다. 재미있는 생각과 상상은 아이의 만족 지연능력을 강화한다. 부모가 약속을 잘 이행해주면 아이들은 자신의 성장을 도울 수 있는 조절력이 향상된다.

석 달 전에 부모가 지나가는 말로 약속을 한다. 놀이 공원에 가자고 말한 부모는 잊어버리지만, 아이는 기억하고, 그날을 기다린다. 부모는 직접 돈을 버는 일도 아니고 생명에 지장이 있는 일이 아니니, 약속은 대수롭지 않게 생각할 수 있다. 부모는 때 되면 밥 차려주고 용돈 두둑이 줬기에 약속 하나 못 지키는 것은 아이에게 큰 잘못이 아닐 것이라고 면죄부를 스스로 준다. 아이와 비 신뢰 경험 있고 난 뒤 이제 부모가 약속하면, 아이는 그때부터 생떼를 부릴 수 있다. 부모를 믿지 못하기 때문이다. 말이 떨어지기 무섭게 떼를 부린다.

"지금 놀이공원 가요. 지금 가자고요. 왜 지금 안 가요?"

부모가 이야기하는 도중에도 기다리지 못한다. 불쑥불쑥 끼어들어 말을 가로챈다. 보통 때도 성급한 성격으로 고착되기도 한다.

"엄마! 이거 보세요. 이거 보라고요."

아이는 부모의 전후 사정 보지 않고 급하다.

"엄마 일하고 있잖니."

엄마는 일이 끝나도 아이에게 무슨 일이라고 묻지 않으면, 아이는 엄마가 다른 사람과 이야기 하는 동안에 잠시도 참지 못한다. 오리발 내미는 부모님, 아니 기억도 하지 못 하고, 아이와의 약속을 대수롭지 않게 생각하는 모습에 아이는 부모에 대해 믿음도 떨어진다. 부모는 세상에서 가장 먼저 만나는 관계이다. 아이는 부모의 관계에서 세상을 본다. 사회를 경험한다. 부모의 비 신뢰 행동으로 세상 전체의 신뢰도도 함께 떨어진다. 말하는 도중에도 자신이 존중되지 않았던 전에 일들이 떠올라 아이는 기다리지 못하는 아이가 된다. 갈수록 만족 지연은 요원해진다.

알코올 중독자는 쾌감을 얻기 위해 기다릴 수 있는 시간은 소주 한 잔, 맥주 한잔을 마시는 정도이다. 바로 쾌감이 오지 않으면 견디기 힘든 상태가 된 것이다. 반면 의사가 되기 위해 기다리는 시간은 적게는 4년에서 6년 이상이 필요하다. 자신을 조절해야만 그 위치에 갈 수 있다. 의사나 변호사 등 어떤 목표를 위해서 달려가려면 얼마간의 시간을 견뎌 내야 한다. 귀중한 것을 얻기 위해 포기해야 하는 것들이 있다. 아이는 삶에서 가치를 얻기 위해서 그런 선택과 기다림의 순간을 겪게 된다.

만족 지연 실험에서 30%는 마시멜로를 15분간 먹지 않고 기다렸다. 그 4살 아이들을 추적 조사 후 결과를 발표했다. 30%의 지연능력을 보이던 아이들은 전반적 삶이 우수했다. 학업에서도 좋은 성적을 보여주었고, 성공적인 중년의 삶을 살았다. 만족 지연이 가능한 경우와 그렇지 않은 경우는 주변에서도 볼 수 있다.

투자 세계에서도 수익이 바로 나지 않으면 기다리지 못하는 사람들이 있다. 세계적인 투자자인 워런 버핏은 투자하면 몇 년, 몇십 년을 기다린다. 자신이 그만큼 공부했고, 거기에 신뢰가 있기 때문이다. 투자 실패도 경험했겠지만 대체로 기다린 만큼 많은 이익을 얻었다. 그처럼 투자 부문도 만족 지연이 연관되어 있다. 재투자를 잘하는 아이를 키우고 싶으면 부모가 아이의 약속을 잘 지켜주면 승산이 있다. 아이가 자기 조절력이 생기면 얻어지는 혜택은 그만큼 부모에게도 있다. 아이가 대화 중에 말을 끊고 자기 이야기를 하려고 하거나 몇 달 뒤에 있을 약속을 기다리지 못하면 당신의 행동을 돌아봐야 한다. 혹 신뢰를 저버리는 행동을 안 했는지 점검해봐야 한다. 아이가 고집을 피우며 사달라고 했는데, 그때만 피하려고 지키지 못할 약속을 한다면, 아이는 기대감이 무너지는 동시에 다음에는 더 심한 고집을 피울 수 있다. 못 사준다는 이유를 말해주거나 대신 다음 생일에 조부모에게 부탁해서 사달라고 하자고 그 물건의 코드를 적어두거나 사진을 찍어서 조부모에게 보여주자. 약속을 지키며 신뢰를 쌓아보자. 신용등급도 돈을 빌리고 제때 갚은 사람이 상위등급을 차지한다. 약속하고 약속을 지키면 당신에 대한 아이의 신용도가 높아질 것이다.

참을성이 없으면 대부분의 욕구를 조절하기가 힘들다. 미래에 있을 시험이라는 건 아직 안 왔고 현재 자신이 놀고 싶은 욕구를 참지 못한다. 시험 전날 밤에 시험과 관련 없는 행동들을 열심히 할 수도 있다. 팀별 활동을 해도 조절력이 없어서 다른 친구들이 이야기하는 도중에 끼어들어서 자신의 발언권을 찾으려고 할 것이다. 다른 사람에 이야기를 듣지도 않고 오직 자신의 이야기를 지금 해야 한다는 것에 혈안이 되어 있기도 한다.

부모가 아이와 약속 지키기 영향은 다른 관계로 확장된다. 시작은 부모와 아이이지만, 아이와 물건, 아이와 다른 친구들, 아이와 이웃 사람들로 이전된다. 사람은 살아가면서 다양한 상황을 만난다. 마시멜로보다 더한 유혹이 곳곳에 깔렸을 것이다. 일이 바로 해결되지 않는 어려움과 갈등도 있다. 물론 선천적으로 참지 못하는 성격이 있다. 많은 경우 후천적인 환경의 영향이 지배적이다. 아이의 주변 환경에 따라 실험결과가 달라져서 아이의 성향만 탓하기는 힘들다. 우리 자녀가 어떤 경험을 하고 있는지, 부모가 아이의 약속 이행에 따라 아이가 달라지는지 살펴보자. 만족 지연이 잘 되는 친구들은 성인이 되어도 관계 형성과 성과창출에 높은 성취도를 보인다. 아이가 좀 더 나은 삶을 살길 바란다면, 부모와의 신뢰 관계가 무엇보다 필수적이다.

욕심을 줄여라

사회적 성공하고 아이도 잘 키우고 싶다. 집으로 일을 들고 오면, 아이가 엄마에게 달려와 일의 맥이 끊긴다.

"엄마 일하고 있잖아! 저리 좀 가!"

아이가 다가오면 밀쳐내기 바쁘다. 내 일을 한다고 아이 살피기가 어렵다. 아이를 잘 키우기 위해 엄마는 열심히 일한다. 어느덧 아이가 성장했다. 성장한 모습이 엄마가 바라는 모습이 아니다. 해준 것은 없지만 아이가 잘 자라기를 바라고 있다.

"왜 그렇게 하니?"

엄마는 아이 행동이 마음에 안 들어 사사건건 간섭하고 싶어진다. 아이가 하는 것에 관심을 준 적도 없으면서 아이를 볼 때마다 지적하고, 잔소리하기 바쁘다. 과정을 차근히 알려주거나 지켜봐 준 적이 없었다. 나는 사회에서 성공하고 싶고, 아이도 잘 되길 바란다. 그렇게 키우지도 않았으면서 아이의 모습이 이상형에 맞지 않는다고 화를 낸다. 내가 원하는 것을 아이에게 말해주지도 않았다. 행동으로 보여준 적이 없으니, 아이는 당신이 생각하는 모습이 아닌 경우가 많다. 그렇게 우리는 종종 팥을 심고는 콩이 나기를 바라기도 한다.

무리 지어 등산을 간다. 50대 A는 산을 오르는 것을 싫어하지만, 동료들과 어울리는 것은 좋아서 무리해서 올라간다.

"힘들어! 왜 등산은 하는지 몰라."

그 말에 함께 가는 동료들은 불편한 마음이 든다. 바람을 느끼며 건강을 위해 올라온 동료들은 A의 말을 들으니 기분이 썩 좋지 않다. 즐거운 마음으로 등산을 온 사람의 기분도 좋지 않아진다. 투덜거리는 사람이 있으니 듣고 있는 사람들도 기운이 빠진다.

"무릎이 너무 아파."

친구들의 마음에도 그늘이 드리워진다. 왜 A가 무리해서 올라가는 건지 도통 알 수가 없다. A는 사람들과 같이하고 싶고, 등산은 싫다. 어쩔 수 없이 가야겠고, 가는 도중에 고통은 감내하고 싶지 않다. 그건 모든 걸 다 갖겠다는 A의 욕심이다. A는 과정은 싫고, 결과만을 바란다. 고통은 싫다고 투덜거리고 도착하여 수육과 막걸리 먹으며 즐기는 것에 마음이 가 있다.

이런 경우도 있다. 유명하다고 찾아갔는데, '이거 너무 짜지? 위생상태가 엉망이네. 누가 이걸 먹어?' 옆에서 맛있게 먹고 있는 동료가 무안해서 숟가락을 놓게 만든다. 옆 사람은 생각하지 않고 자기 기분만 생각하는 것이다.

혼자 해야 하는데 해내지 못한다. 또 다른 사람들에게 왕따가 되긴 싫다. 결과는 혼자서 일을 해내야 하는데, 사람들에게 관심의 대상도 되고 싶다. 하루 24시간이 모자란다. 왜? 나는 이렇게 노력하는데, 인정받지 못하는지 늘 불만이다. 시간은 투여하지 않고 달콤한 결과만 바라지 않는지 생각해 보자. 과정은 감내하지 못하고 결과만 바라지 않는지 돌아볼 때다.

관계에 너무 집착하는 경우 도움이 될 만한 내용이 있다. 심리학자인 아들러가 말한 2대 1대 7의 법칙에서 당신이 노력하지 않아도 친해질 수 있는 사람은 10명 중 2명이다. 아무리 노력해도 맞지 않는 상대가 1명은 언제나 존재한다. 무리하게 에너지를 쏟으며 사귀려 할 필요가 없다. 그냥 그런 존재가 있다는 것을 인정하면 된다. 나머지 7명은 자기 태도에 따라서 달라진다. 당신을 싫어하는 1명에게도 나를 사랑하라고 하는 것은 당신의 욕심일 수 있다. 시간은 없는데, 3개 중 한 개를 선택해서 참석해야 한다. 불편한 마음이 올라오고, 계획이 어그러진 것 같다. 사실 몸은 하나인데, 다 하고 싶고, 다 듣고 싶다. 그건 당신의 욕심이다. 중심이 확실하면 언제든 다시 들을 수 있고, 지금 가장 중요한 것이 뭔지를 스스로 선택할 기회이기도 하다. 욕심이 많으면 시간 순서를 정하지 못해서 우왕좌왕한다.

아이가 퍼즐을 좋아한다. 12개 퍼즐도 엄청 잘한다. 엄마는 빠른 속도로 작은 퍼즐 조각들을 맞추는 것을 보고 싶어진다. 퍼즐 12, 18, 24조각 맞추기를 연달아 6개월 동안 연속으로 시킨다. 아이가 못 찾고 헤매면 즉시 개입한다. 엄마 욕심이 자녀가 하고자 하는 마음을 사라지게 만든다.

"여기에 들어가는 것 같아."

알려주면서 아이가 맞추도록 유도한다.

"이 모양은 오른쪽, 이쪽이랑 그림이 같잖아!"

힌트가 어쩌다 한 번 정도면 그것이 디딤돌 역할을 하지만, 계속되면 걸림돌이 된다. 교육이란 이름으로 아이에게 설명하고, 알려준다. 알려주는 순간 아이의 '아하!'하는 과정이 사라진다. 불쑥 들어오는 부모의 개입으로 인해 아이는 퍼즐 하기 싫어진다. 엄마의 설명에 넌더리가 난다. '또 시작이다.' 마음속으로 생각한다.

"똑바로 앉아! 잘 읽고 세어보자."

답은 하지 않고 아이는 소리를 지른다. 다섯 컵에 각각 양이 다른 물이 들어 있다.

"5개 중에 어느 것이 많지?"

계속 딴짓을 하는 아이에게 소리 지른다.

"정신 못 차려?"

아이 또래는 다 아는 것 같은데, 우리 아이만 못하는 것 같아 화가 난다.

"알고 있으면서 장난이나 치고 말이야."

아이는 엄마랑 공부하는 시간이 점점 싫어진다. 엄마는 아이가 잘했으면 하는데, 아이가 따라주지 않으면 화가 난다.

결과를 내기 위해서 그에 부합한 자기 노력이 필요하다. 결과를 위해 노력하지 않겠다는 마음에서 편법을 찾게 된다. 때에 따라 무리하게 일을 진행한다. 과정을 감내할 마음의 여부에 따라 욕심과 열정으로 나뉜다. 욕심은 이것도 하고 싶고 저것도 하고 싶은데, 정작 힘든 과정은 싫다는 것이다. 반면 목표에 맞는 과정도 겪어 내는 것은 열정을 의미한다.

투자에서도 비슷한 모습을 볼 수 있다. 공부는 안 하고 다른 사람의 말만 듣고 투자를 한다. 대박의 결과만 바라고 들어온 것이다. 욕심을 바탕으로 주식 시장에 들어오는 것은 투기이다. 공부하지 않았으므로 시간이 지나 종목에 믿음이 없어 계속 어떻게 진행될 건지 사람들에게 물어보기 바쁘다. 공부하고 과정을 밟아 가는 것은 투자이다. 투기인 경우, 사람은 매일 투자회사에 전화하는 것이 일과가 된다. 믿음이 없으니 직원에게 믿음을 달라고 호소한다.

"이 종목 가는 것 맞아요?"

본인이 직접 공부해서 종목을 고른 것이 아니라서 기다리지 못한다. 자기 믿음이 없으니 기다림에 지쳐서 스스로 손해 보고 판다. 설상가상으로 그 후에 탄력받아 그 종목은 올라간다. 스스로 알아보지 않아서 종목에 대해 믿음은 없고, 산 종목이 올라가기만 목이 빠지라 기다린다. 스스로 지쳐서 판다. 손 안 대고 코 풀려고 하면 초기 수익이 나도 후반부에 중심이 없어 투자 심리는 부표처럼 이리저리 떠다니게 된다.

기회비용이란 경제용어가 있다. 돈이 한정되어 있으면, 명품 가방을 사면, 평면TV를 못 산다는 걸 안다. 우리나라 초창기 신용 카드가 발급되고 사용되었을 때 사람들은 경제적인 인식수준이 그리 높지 않았다. 순서를 정하지 못하고 무분별한 경제관념에서 이것도 사고 싶고 저것도 사고 싶다. 마구 사용하면서 국민 중 신용불량자가 엄청나게 늘었다. 신용불량자는 아니라도 필요보다 욕구에 앞서 소비하여 돈의 노예가 되는 경우도 허다하다. 우리는 하나를 얻으면 다른 것을 잃을 수 있다는 것을 알아야 한다.

자본주의 사회에서 경제교육은 필요하다. 소외계층에도 경제교육은 필수다. 경제관념이 정립되어 있지 않으면 더욱더 자본주의 사회에서 소외계층을 벗어나기가 힘들어진다. 수입이 한정되어 있다. 욕심을 통제하지 못하면 바로 신용불량자가 될 수 있다. 카드가 그것을 조장하지만, 자본이 한정적일 때 개인의 주체적이고 계획성 있는 소비가 필요하다. 한정된 금액에서 기회비용을 고려한 현명한 소비를 해야 한다. 개인의 모든 욕구를 해결하기에는 시간과 돈이 유한하다. 삶을 주체적으로 살기 위해서는 기회비용을 고려한 소비가 필요하다.

몇몇 사람들은 전환점도 쉼도 없이 속도를 내고 달려간다. 사람들은 자기 욕심으로 목표는 크게 세우고 과정은 힘든 건 싫다고 불평불만을 하거나, 또는 결과에 도달하기 위해서 수단과 방법을 가리지 않는다. 목표달성이 안 되면 세상과 등지거나, 이런 건 욕심이 많은 것이다. 시간은 돈처럼 한정적이다. 제한된 시간에 이것도 저것도 다 하려고 하면 문제가 생긴다. 중심을 잡아야 한다. 순서를 정하고 포기할 수 있는 것은 포기해야 한다. 다 가지려는 것에 번뇌가 생긴다. 머리가 복잡해진다. 비난받기 싫어서 남의 눈치를 보고 산다. 자기중심이 중요하다. 부족함을 채우기 위한 인간의 욕구는 끝이 없다. 변함없는 자세로 끊임없이 노력해야 한다. 알고 있으나 가슴으로 깨닫지 못하고 산다. 중심이 없으니 같은 아픔과 후회를 반복하고 산다. 모든 것 다 하려고 하는 욕심, 다 얻으려는 욕심이다. 안 되는 것을 적당히 내려놓아야 마음의 평온을 얻는다.

완벽주의 경향이 있는 경우, 작은 일도 남에게 못 맡긴다. 불안해서 모든 일을 본인이 직접 해야 안정감을 느낀다. 극도로 불안해서 잠도 못 자는 경우가 있다. 평생 불안함 속에 산다. 완벽주의는 어떤 면에서 애정결핍을 포함하기도 한다. 남들에게 인정받으려고, 사랑받으려고 한다. 극단적 완벽주의는 집착증에 가깝다. 엄마가 눈앞에 보이지 않으면, 울고불고하는 아이처럼 우리는 남들에게 인정받으려고 자신에게 채찍질한다. 두 마리 토끼 잡으려다 이도 저도 아니면 허탈함이 밀려온다. 그러곤 자신을 더 혹사한다.

다른 사람에게 칭찬받기 위해서 아이를 잡지는 말자. 자기 사랑은 모든 것에 책임지고 존중하는 것이다. 자기 사랑은 진정한 결핍, 상처, 죄의식을 수용하고 받아들이는 것에서 시작된다. 내 안의 죄책감이라는 아이가 울고불고하는데 나는 죄책감이란 아이를 무시하고 있다. 감정의 주체인 나는 죄책감이란 내면의 아이 울음소리를 들어야 한다. 계속 자신 마음속 아이가 울고 있으니 더 고통스럽다. 그 아이를 누르려고만 하면 문제가 드러나게 된다. 단점도 멋지게 드러낼 수 있는 사람이 자기 사랑을 하는 것이다. 자기 사랑이 이뤄지면 다른 사람에게 더 사랑을 구걸하지 않는다. 완벽함에서 벗어나 자유로운 사람이 된다. 도리어 편안해서 집중력이 생긴다.

내가 이불을 정리 안 하고 나갔다 돌아와서는 깨끗한 집을 바란다면 그건 욕심이다. 과정 없이 결과를 얻으려는 마음이다. 책을 내고 싶고, 운동도 해야겠고, 잠도 자고 싶다. 해야 한다는 마음에 휘둘린다. 마음속 불안이 평소에도 지속한다. 욕심은 마음속 전쟁 같다. 어떨 땐 힘으로 필요에 따라 남의 것을 빼앗는다. 갖고 싶은 것을 편법으로 얻으려 남을 괴롭힌다. 가진 아흔아홉 개는 중요하지 않다. 다른 사람의 한 개 뺏기 위해 전쟁을 벌인다. 매일 싸우고, 하루하루가 전쟁이다. 어머니, 아버지, 친구, 나 자신, 세상과 미래, 두려움 등과 싸워야 한다. 스스로 성장과 노력이 아닌 남이나 자신을 두드려 패고 맞고 서로 가슴이 찢어진다. 자기파괴가 일어나고 자기학대가 된다. 자신에게 이야기한다. '열심히 해라! 빨리해라! 이 멍청이야!' 채찍질한다. 잠시 쉬고 있는 말을 쉼 없이 때리는 격이다. 자신을 자해한다. 자신이 하고 싶은 것을 자신이 못 하면 자녀에게 전가한다. 내 마음대로 하려고 욕설과 잔소리 폭행이 일어난다.

"오늘은 학원 안 가고 쉬고 싶어."

"너 뭐했다고 그래? 시끄럽고! 학원가!"

아이가 나약해질까 봐 강하게 밀어붙인다.

"쓸데없는 소리 하지 말고 들어가서 공부해!"

엄마의 목적은 '아이의 좋은 점수'이다. 과정은 사라지고 목표만이 중요하다. 아이는 그 점수가 안 되면 극단적 선택을 하기도 한다. 완벽주의 엄마 밑에서 아이는 부모의 관심과 사랑을 받기 위해서 해내려고 한다. 하지만, 아이를 자기 마음대로 통제하려고 해도 안 되는 부분이 있다. 동물은 가둬 키우겠지만 사람은 그럴 수가 없다. 가두지 못하니, 폭력으로 아이를 다스린다. 욕심 많은 사람은 나쁜 사람이다. 자신이 행복하지 않고 자기 행동의 수위조절도 안 된다. 욕심은 오로지 결과에만 목적이 있다.

원하는 것을 얻고 싶은 마음으로 노력을 하는 것은 열정이다. 욕심을 채우는 것을 가르치기보다 열정 가득한 아이로 키우는 것이 필요하지 않을까? 열정은 과정을 겪으면서, 그 순간에 즐거움을 느끼는 것이 포함되어 있다. 대기업 취직, 명문대 합격, 공무원 합격 등 최종결과에만 집착한다면, 아이가 성장하는 동안 즐기지도 못한다. 목표에만 집중되어 아이와 함께 있어도 서로가 외로워질 수 있다. 왜? 함께 즐기거나 재미를 느끼면 안 되는 걸까. 내가 자식에게 함께 즐겁게 지내기보다 받아쓰기 한 개만 틀려도 엄마가 몸을 떨면서 화를 내는건 아닌지 생각해 볼 문제다. 욕심을 살짝 내리고 아이에게 하루하루 열정을 심어주는 것은 어떨까.

제4장
곱셈 육아

반복은 사람을 최면에 걸리게 한다. 드라이버로 나무를 뚫고 들어가듯 의식에 깊게 파 들어간다. 습관도 최면처럼 무의식적으로 하는 일이다. 행동을 거듭하여 좋은 것을 삶에 스며들게 지속해보자. 반복이 선순환되어 아이와의 관계도 좋아질 것이다.

예를 들어 야구, 탁구, 테니스, 배드민턴, 골프 같은 공을 사용하는 운동은 지속적인 연습으로 스윙을 만든다. 자기 스윙이 잘못되었으면 그 습관을 지울 수 있도록 의식해서 연습하고, 교정해야 좋은 스윙을 만들어진다. 반복 되풀이해야 자기 스윙으로 몸에 붙는다.

새롭게 만들어진 단어로 '그릿'이 있다. '그릿'은 단어들의 조합이다. 내용은 성장(Growth), 회복력(Resilience), 내재적 동기(Intrinsic Motivation), 끈기(Tenacity)의 앞글자를 따서 만든 단어이다. 그릿은 꾸준히 조금씩 계속하는 능력을 의미한다. 많은 사람이 일 년 계획을 세우고 다짐한다. 대체로 금연한다. 운동한다. 건강 주스를 만들어 마신다. 다이어트를 한다. 그러나 많은 사람이 목표를 수립 후 사흘 정도 하면 원래 생활로 돌아간다. 작은 단위로 나눠 거듭하면 달성률이 올라간다. 그렇게 작은 단위가 습관이 되어 목표에 자연스럽게 다가가게 된다. 성적이 좋은 사람이 박사가 되는 것보다 계속 공부를 한 사람이 학위를 받는다. 성적이 좋다고 오래 공부하지 않는다. 끝까지 학교에 다닌 사람이 성취하게 되어 있다. 박사가 될 때도 오래 꾸준히 노력한 사람이 성취하게 된다. 평생교육 시대에 꾸준히 한 분야를 파고든 사람이 결과도 좋을 가망성이 높다. 거듭하고 거듭하는 곱셈은 성취를 위한 능력 중 으뜸이다.

호응을 거듭하라

애니메이션 '아따 엄마'에 나오는 이웃 중 한 여성이 주변 사람들에게 인기가 많다. 그녀는 언제나 수용적 태도로 긍정 반응을 한다. 말에 내용이 아닌 표정과 느낌으로 다른 사람을 위로한다. 서로에게 유익하고 친절한 말은 사람들이 반응하고 기뻐한다. 그녀는 다른 사람이 또 다시 보고 싶은 사람이 된다. 사람들은 옳은 말이 아닌 친절한 말에 목말라 한다. 옳은 말이 약이 되지만, 듣고 싶지 않다면 효과가 없다. 다시 듣고 싶은 친절한 말에 사람들이 강화된다. 친절한 말을 하는 사람에게 따른다. 친절한 말을 하는 사람에게 좋은 감정이 생긴다. 친절한 말을 하는 사람에게 호감이 가고, 날 인정해주는 사람이 해 주는 말에 귀를 기울인다. 그가 말하지 않아도, 존경하는 사람의 행동은 저절로 따라하게 된다. 물론 잔소리도 구구절절 '옳은 말'이다. '다, 너 잘 돼라.'고 하는 보약이다. 잔소리는 맞는 말을 기분 나쁘게 하는 것이다. 보약도 먹어야 효과가 있다. 상대방이 먹지 않으려고 한다면, 보약도 효과가 없다. 옳은 말을 받아들이지 않고, 듣는 사람이 귀를 닫으면 공염불이 될 뿐이다. 사랑하면 닮아가듯, 친절한 말을 하면 꽃에 나비가 찾아가듯 서로에게 필요한 존재가 될 것이다.

이렇게 말하기도 한다. '진실을 말했는데, 뭐가 문제냐?'고 할 수 있다. 그게 문제다. 인간은 친절한 말에 마음이 움직인다. 내용이 구구절절 옳아도 듣고 싶지 않은 경우 소용이 없다. 친절하지 않고 내용만 맞는 말을 하는 사람이 나타나면, 대다수의 사람들은 저절로 자리를 뜬다.

대다수 사람은 듣고 싶은 말에 귀를 기울인다. 자신을 호응해 주고 공감해 주는 사람에게 귀를 기울인다. 호응을 해주면 아이는 공감 받았다는 생각이 든다. 그런 환경에서 아이도 다른 사람을 호응하거나 공감하기가 쉬워진다.

공감과 호응을 위해 다음 세 가지를 유념해 보자.

첫째, 공감을 위해 아이에 대한 관찰이 필요하다. 호응하려면 관찰을 해야 적절한 타이밍을 찾을 수 있다. 부모는 꾸준히 아이를 관찰해야 한다. 자세히 보지 않았는데, 아이 행동에 맞게 호응하기 힘들다. 아이가 뭘 좋아하고, 어떤 것에 관심이 있는지는 오랜 시간 지켜보면 부모는 아이를 이해하고 잘 호응해 줄 수 있다.

둘째, 공감을 통해 아이 입장이 되면 아이를 설득할 수 있게 된다. 새로 나온 장난감을 사달라고 아이가 막무가내로 요구하면 엄마는 당황한다. '엄마가 안된다고 했잖아!' 아이는 울기 시작한다. 계속 사달라고 때를 부린다. 엄마는 이 상황이 불편하고 남들이 볼까 봐 부끄럽다. 아이 하나 통제 못한다고 능력 없는 엄마로 보일까 불편하다.

"엉덩이 맞기 전에 빨리 일어나!"

공감도 호응도 없이, 엄마 입장에서 아이를 계속 달래다가 엄마의 강압적 방법으로 마무리된다. 공감이 잘 된 관계라면 아이의 욕구를 들어주고 호응해 주었다면, 고집을 피우더라도 엄마를 이해하려고 귀를 기울이는 여유가 생기게 된다.

"사고 싶지만, 엄마가 지금은 사 줄 수가 없단다."

아이가 호응과 공감을 받았다면 부모의 말에 본인도 귀를 기울일 것이다. 엄마에게 평소에 공감받던 아이는 엄마 말에 자신도 호응한다.

셋째, 아이에게 공감과 호응을 하려면 내 마음의 여유가 있어야 가능하다. 부모는 자기 마음속 공간을 통해서 아이를 볼 수 있다. 그러면 공감이 저절로 터져 나온다. 내 마음의 공간을 통해 나를 돌아보고 나를 호응해 주는 시간이 필요하다. 내 자존감이 낮으면 아이에게 넓고 깊은 마음으로 호응하기 힘들다. 나를 충분히 사랑하는 마음을 갖는 것이 우선되어야 한다. 블록으로 집을 만들거나, 종이배를 띄우고, 멋진 그림 완성할 때도 가능하다. 조용히 호응해보자.

'어머나! 어머! 역시! 오!' 같은 짧은 단어로 충분하다. 한글 자씩 깨칠 때도, 학습지 목표치를 해낼 때도, 아이가 한 노력과 열정에 잠깐 짧게 호응하면 된다. 목표에만 집중해서 아이에게 호응을 해주면, 아이는 칭찬의 역습을 당할 수 있다. 칭찬받는 행동을 위해서 자신의 행동을 조작할 수 있다. 아이가 행동을 조작하지 않기 위해선 과정 중에 개입하여 호응해 주자. 아이의 몰입하는 모습에 반할 것이다. 아이 스스로 유능하다는 느낌이 들게 호응을 해준다. 성취해 나가는 자신을 경험할 때 비로소 자신을 믿게 된다. 외적보상 전에 호응을 통해 아이가 성장하고 있다는 내적인 노력 칭찬에 초점을 두자. '지난번보다 연습을 많이 하더니 더 빨라졌네.'

비교적 나이가 어린 아이가 담력 운동기구들을 잘하면 보는 사람의 탄성을 불러오게 한다. 너도나도 놀라서 손뼉을 쳐준다. 어린 나이지만 곧잘 하는 아이를 보고 언니 오빠들에게 기립박수를 받는다. 아이에게 해보라고 권유한 적은 없다. 놀이터에서 아이가 다른 친구들 하는 것을 지켜보고 있다가 기회가 될 때 자신도 해본다. 그때 필요한 정보만 주는 것이다. '두 팔을 벌리면 중심이 잘 잡힐 것 같다. 이렇게 해보는 방법도 있단다.' 적극적으로 내 방법을 주입하면 아이가 하고자 했던 마음에 내 감정이 전이 될 수 있다. 그렇게 되면 몰입하던 아이가 내 감정으로 왜곡되기도 한다. 어떤 식으로도 강요하지 않는다. 내 생각대로 아이가 바로 두 팔을 벌리고 하지 않는다. 관찰하고 도움 될 만한 정보만 말해준다. 아이는 그것을 어쩌다 생각나서 시도한다. 적당할 때 가서 본다. '오!' 오직 한 마디 정도 보거나 아이를 쳐다보거나 잠시 미소만 띄워도 충분하다. 호응은 옆에 있어 주고 지켜봐 주는 것으로도 효과가 있다. 놀이터에서 담력 최고 아이로 MVP가 되었다. 아이는 외적 보상보다 자신이 한 번 또 한 번 시도하면서 반복하여 배운다. 호응해 줬을 때 가장 길고 깊게 몰입한다.

부모는 보통 아이에게 무엇을 해주는 것을 관심을 가진다. 부모는 '내가 네게 영어 유치원을 보내주었고, 과외를 하게 해줬고, 결혼할 때 집을 사줄 것이다.' 그러면 부모 노릇 제대로 했다고 생각한다. 반면 아이는 어떻게 해주었는지 기억을 한다. 무엇을 잘하고 있는지 어떻게 발전하고 있는지 구체적으로 알아봐 주면 그것으로 아이는 세상을 살아가는 힘을 얻게 된다. '상처받았구나. 속상했겠구나.' 아이의 그때 기분을 인정해주면 된다. 상대를 같이 험담까지 할 필요는 없다. 아이가 실패해서 풀이 죽어 있을 때야말로 부모의 도움이 필요하다. 징검다리 하나씩 놓아 아이가 한 걸음 한걸음 개울을 건너가게 하는 방법으로 진행하면 된다. 징검다리 역할은 적절한 호응을 거듭하는 것이다. 마음에 공간이 생겨 평상심을 얻는다. 평상심은 아이의 자존감의 척도가 된다. 아이는 세상 많은 것에 호기심을 키워 갈 수 있다. 호응해주는 부모가 있다는 것을 알기에 가능하다.

사랑을 보여주려 하지 말자. 사랑은 상대방에게 보이는 것이다. 아이가 느끼는 것이다. 당신이 호응을 거듭하면 아이는 엄마를 통해 사랑을 본다. 사랑을 표현했다고 생각하지 말자. 아이가 느끼지 못하면 사랑을 표현한 것이 아니다. 호응을 거듭하면 자연스럽게 사랑도, 마음도 보인다. 설명하려 하지 말고 느껴지게 아이에게 다가가 보자.

문제집 한 권보다 동기부여가 중요하다

"이는 왜 닦아야 하나요?"

내가 이를 닦고 있는 아이에게 묻는다.

"이에 세균이 있으면 안 돼요."

다부진 얼굴로 아이는 답을 한다.

"왜?"

나는 아이가 이유는 알고 있는지 궁금해진다.

"세균이 있으면 이가 썩어서 맛있는 것을 못 먹어요. 그럼 밥을 못 먹어요. 맛있는 것도 먹지 못해요. 튼튼하지 않아서 놀이터에 갈 수 없어요."

아이에게 이를 닦으라고 설명을 하거나 따라다니면서 이를 닦으라고 하지 않는다. 이유를 알고 있으면 이를 닦으라고 강요하거나, 잔소리하면서 따라 다니지 않아도 된다. 아이는 놀이터에 잘 갈 수 있도록 이를 닦아야 한다는 것을 이해하고 있다. 자신이 필요성을 알고 있다면 아이에게 중요성을 설명하지 않아도 스스로 하게 된다. 아이는 이유를 알고 있다면 엄마는 아이를 믿으면 된다.

공부도 칫솔질과 마찬가지다. 스스로 해야 하는 이유가 없으면 포기하게 된다. 흥미가 떨어지고 공부를 하려고 하면 힘들다는 생각이 든다. 왜 해야 하는지 모르면 그렇게 공부가 고통스러울 수가 없다. 이유를 모르는 상태에선 작은 어려움이 오면 공부에 손을 놓는다. 고학년으로 갈수록 학습 동기가 확실한 아이와 없는 아이의 차이는 벌어진다. 점점 학업능력이 더 요구되는 고학년이 되면 공부할 이유가 확실하지 않은 아이들은 학습을 포기하기 시작한다. 엄마에게 잘했다는 소리 듣기 위한 단기적 이유라면, 공부 외 다른 유혹에 쉽게 끌릴 것이다. 조금만 지루하거나 재미가 없거나 피곤하면 공부를 멈출 것이다. 조금 재미있는 다른 활동이 옆에 있으면 공부를 접고 그쪽으로 정신이 간다. 공부해야 할 의미와 이유를 알지 못하면 아이 머리가 좋다고 공부하지는 않는다. 머리가 좋은데 공부를 못 하는 건 목표를 찾지 못하기 때문이다. 공부와 자신의 삶에 대한 인과관계 이해가 적다. 평생 친구가 되어야 할 공부를 거부하게 된다.

딱히 강요하지 않아도 인간 본성 자체가 배움을 갈망한다. 인류가 머리를 쓰지 않았다면 예전에 이미 약육강식의 원시림에서 종적을 감췄을 것이다. 고릴라 1마리랑 인간 1명이랑 혈투를 하면 고릴라가 이길 확률이 높다. 고릴라 100마리와 인간 100명이 싸운다면 인간이 이긴다. 인간은 언어를 사용하고 머리를 쓰고 그것을 옆 사람에게 전수한다. 다른 사람이 가진 지식을 배우지 않으면 함께 살아가기 힘들다. 뇌를 통해 습득하는 것은 인간 유전자에 포함되어 있다. 아이를 보면 확연히 드러난다. 호기심이 가득하다. '왜 그래요? 이게 뭐예요?' 아이는 배울수록, 지식의 크기가 커질수록 호기심도 늘어난다. 지식을 하나의 원으로 본다면 호기심은 그 원둘레에 비례한다. 흥미를 잃지 않게, 좋은 감정으로 배우고자 하는 동기를 갖게 된다면, 하지 말라고 해도 공부하게 된다.

야외에서 놀면 아이는 자연에서 신기한 것들에 관심을 둔다. 나무와 풀숲에 곤충들을 살핀다. 진딧물, 개미, 무당벌레를 관찰한다. 아이는 어느새 흥미와 호기심이 영글어져 있다. 자신이 재미있어하는 것에서부터 학습이 시작한다. 기분 좋은 감정으로 가볍게 접근한다. 한글 공부도 마찬가지이다. 글을 읽고 쓰는 기술이 중요한 것이 아니라 한글에 대한 좋은 감정 있는가가 더 우선되어야 한다. 글을 읽을 수 있으면 궁금증이 해소되는 쾌감을 느낀다면 한글 공부가 꼭 필요하고 즐거운 것이 된다. 만일 공부가 자신이 원하지 않는 것, 억지로 해야 하는 것, 못 하면 혼나게 되는 매개체가 되면 싫어진다. 공부할 이유가 없다면 배워야 하는 흥미를 느끼지 못한다. 이런 인식은 배우는 과정에서 큰 걸림돌이 된다. 한글 매개로 시작되는 독서와 학습에도 영향을 미친다. '재미있다, 흥미롭다, 더 알고 싶다.'는 느낌이면 좋다. 시간이 좀 더 걸리는 것처럼 보일 수 있다. 아이의 학습에 흥미를 갖기 시작할 시기는 돌아가는 것이 더 빠른 것이다. 시간을 진정으로 효과적으로 쓰고 싶다면 좋은 감정으로 공부할 수 있도록 기다려주자. 한자라도 더 공부시키기보다, 시간을 들여 공부가 재미있는 것이라는 이유를 알 수 있게 도와주자.

수학 공부 거부를 보이는 아이는 숫자 가르칠 때 무조건 반복적으로 세어 보라고 시키지 않았는지 살펴볼 필요가 있다. 아이가 찡그리고 이유를 모른다고 표현을 해도, 무시하고 억지로 시키지 않았는가? 그랬다면 그 방식을 멈춰야 한다. 고등학교 때까지 공들여야 하는 것이 수학이다. 아이 마음속 수학에 대해 흥미를 심어주면 아이는 원리를 터득하는 즐거움을 느끼게 된다. 공부는 아이가 좋아해야 잘한다. 수학은 다른 공부보다 더 그렇다. 수학에 대해 즐거움과 긍정적인 태도 취하게 하는 것은 억지로 문제집 열권, 백 권 풀게 하는 것보다 효과가 오래간다.

수학 시간에 의미 없이 강제로 구구단을 외우고, 나머지 공부를 해야 하는 두려움으로 어쩔 수 없이 해야 하는 것이 된다. 원리를 깨우치려고 하는데, 시험 문제 나온다고 공식을 달달 외우라고 압력을 가한다. 빨리 어른이 되어서 수학 공부 안 하고 싶다. 어른이 되면 공부에 손을 놓겠다고 한다. 실상 어른 되면 배움을 손에 놓을 수 있는 건 더더욱 아니다. 성인이 되어서도 계속 공부할 수 있도록 아이에게 탐색할 수 있는 자율성을 주자. 자율성을 통해 아이는 찾아서 익힌다. 빨리하겠다고, 익히라고 학원에 보내면 아이 자율성은 파괴될 수 있다.

내적 동기 관련 실험이 있다. 6살 아이들을 대상으로 아이들이 좋아하는 놀이를 보상해준다. 한 그룹의 아이들에게는 놀이 점토를 많이 갖고 놀면 그 대가로 선물을 주었다. 다른 그룹엔 선물을 주지 않았다. 일주일 지난 후 놀이 점토를 했을 때, 보상을 받았던 아이들은 금방 실증을 느껴 다른 놀이를 한다. 보상이 없던 아이들 대부분은 꾸준히 점토 놀이를 즐겼다.

또 다른 성인들 대상 실험을 보자. 퍼즐을 해낼 때마다 돈을 준 A그룹과 그렇지 않은 B그룹으로 나눴다. 퍼즐을 완성하면 돈을 받는 A그룹은 눈에 불을 켜고 한다. 빠른 속도로 행동을 했다. 주변에 다른 오락기계, TV 등 놀 거리가 마련되어 있었다. A그룹 사람들은 쉬는 시간에는 퍼즐은 멈추고 다른 것을 했다. A그룹과 달리, B그룹에는 퍼즐에 좋은 점을 설명해 준다. '두뇌계발에 좋고, 정신을 맑게 한다.'는 것 등의 정보를 제공해 준다. B그룹 사람들은 쉬는 시간에도 퍼즐을 즐긴다. 다른 시간에도 연속되어 퍼즐을 했다. 퍼즐이 더 재미있어진다. 즐기게 되면 지속하게 되고, 지속하면 잘하게 된다. 그 행위 자체가 목표이자 즐거움이 된다면 외부의 자극은 더 필요 없어진다.

내면에 동기가 충분할 때는 외적 보상이 의미가 있다. 외적 보상만이 동기유발로 유일하다면, 외적 보상이 내적 동기를 훼손할 수 있다. 흥미를 느끼고 있는 것에 대해 보상을 주는 것은 '놀이'를 '일'로 바꿔 버리기도 한다. 탐색하는 자율성이 동기를 키운다. 혼자서 놀이방법을 깨닫도록 내버려 뒀을 때, 아이들은 훨씬 집중하고 싫증을 내지 않았다. 내적 동기 핵심은 아이 자율성을 지켜주는 것이다. 유능 감은 어릴 때부터 형성된다. 자기 힘으로 성취한 경험, 자신이 주변 상황을 변화시켰다는 느낌이야말로 유능 감의 출발이고 내적 동기유발의 핵심이다. 내적 성취감을 통해 성공 경험을 늘어나고 다른 학습에도 전염된다. 다른 수업에도 전염되고 다른 영역에도 전염된다. 스스로 하고 싶을 때 동기가 생긴다. 자신이 하고 싶고, 자신이 잘하는 것을 응원하는 사람이 곁에 있을 때 아이의 동기는 자동으로 살아난다. 아이가 하기 싫어하는 경우는 대부분 동기를 떨어트리는 환경이 있을 뿐이다. 동기가 없는 아이는 없다. 그 내적 동기를 지켜주는 것은 어른들의 역할이다. 자존감이 높아진 아이는 문제에 직면했을 때 어려움 없이 해결해 낸다. 자존감이 높을 때 만족 지연능력은 올라가고 자기감정 조절, 자기 통제 능력이 향상된다.

아이에게 스스로 할 수 있도록 환경을 마련해 주자. 아이가 힘들까 봐 미리 해주면 자율성이 저해된다. 보호라는 명목 아래, 온실 속 화초처럼 자란다. 온실 식물은 추운 날, 밖으로 나오면 견디기 힘들어진다. 조금만 힘들면 아이는 바로 포기해 버리고 성장을 멈춘다. 부모의 자녀 자율성 교육에 밑바탕은 아이를 신뢰하는 것이다. 자녀를 믿어주고 인정한다. 그 힘이 아이에게 내적 보상으로 작용한다. 노력하여 바꿀 수 있다. 아이 스스로 학습의 목적을 부여한다. 아이는 자율적으로 변화고 성장하는 것을 발견하고, 한 번 실패해도 그것이 끝이 아니라는 것을 터득하게 된다.

너를 못 믿으니 학원을 보낸다. 학원에서 공부하는 법을 배울 수 있을까? 배우는 일의 즐거움은 삶에서 상당히 중요하다. 실패를 이기는 힘은 자율성이 있는 사람에게서 볼 수 있다. 삶이란 실패와 도전으로 연결되어 있다. 배움의 과정도 마찬가지이다. 자율성이 있을 때, 실패를 맛보면 의외로 더 열심히 이겨내려고 한다.

아이에게 학습 목표를 인식시켜 줄 필요가 있다. 먼저 학습 목표와 평가목표를 비교해 보자. 학습 목표는 자신이 나아가는 과정에 초점이 맞춰지고, 평가목표는 해낸 결과가 중요하다. 자신의 성장이 중요한 학습 목표는 좀 더 어려운 것을 터득하고 어려운 것을 찾으려고 하는 과정에서 실패는 자연스러운 것으로 여겨진다. 학습 목표에서 오류는 성장 과정 중의 하나이다. 평가목표는 결과가 중요하기에 내가 잘 하는 것을 보여주기 위해 목을 매기 시작하면 실패는 자신감에 직결된다. 과정 중에 실패해서 잘못되면, 시도하기 전에 자기 효능감이 낮아진다. 오류를 수정하기보다 과정 중 실패에 좌절한다. 실패는 자신 능력이 부족하다고 생각한다. 다시 도전할 때 자신감이 없어진다. 어차피 도전해도 안 되는 것이라고 단정한다. 공부가 어려워지는 고학년으로 갈수록 학업을 포기할 가능성이 커진다. 부모는 그럴수록 더 열심히 학원을 더 보낸다. 이렇게 자존감이 상하고 자신감이 없으면 사회생활을 하는 성인기에 더 힘들어진다.

학습을 위한 적절한 정보를 제공하고 그다음은 아이를 믿자. 공부해야 하는 이유를 설명하자. 설득하고 강요하지 말자. 학습경험이 긍정적 감정과 함께 연결되게 도와주자. 아이에게 공부에 대한 긍정적 감정을 얻을 수 있는 환경을 조성하자. 공부하고 싶어지는 즐거운 감정이 만들어질 수 있게 아이의 입장으로 바라보자.

문제해결능력을 키워라

어두운 밤 홀로 산 위에 길을 잃었다고 가정해 보자. 길은 보이지 않는다. 당신이라면 어떻게 길을 찾을 것인가? 현재 당신은 스마트 기기가 없다고 가정하면, 지금 발생한 문제가 무엇인지 파악해야 한다. 산에서 길을 잃어서 집으로 돌아갈 수 없다. 어떻게 하면 내려갈 수 있는지 찾아야 한다고 하면, 내 머릿속에서 이 상황에 해당하는 방법을 찾아야 한다. 한 가지 방법은 내 등산복이 GPS 기능이 있다면 그것을 이용해 구조요청을 한다. 그 방법도 막연히 기다려야 될 수도 있다. 또 다른 방법은 물줄기를 찾는다. 붉은 아래로 내려가는 성질이 있어 험한 길을 간다고 해도 물줄기를 따라 내려가면 산 아래로 내려갈 수 있다. 등산 중 길을 잃었을 때, 안개가 짙어 앞이 보이지 않거나, 어둠이 깔렸을 때 우리는 여러 방법으로 시도하고 길을 찾아야 한다.

삶도 산에서 길을 잃어버린 것과 비슷하게 문제 연속이다. 어떤 문제가 생기기 전에 그 문제를 대처하는 방법이 있다면 사고를 축소시키거나 해결할 수 있다. 우리 삶은 문제투성이다. 문제의 연속은 살아있다는 증거이기도 하다. 삶 속 문제는 그렇게 우리를 성장시킨다. 그 문제를 만났을 때 아이들은 다양한 양상을 보인다. 엄마 뒤에 숨거나, 힘들지만 해결하려고 노력할 수도 있다. 경험이 부족한 아이들은 어떻게 문제를 해결해야 하는지 삶에서 배워야 한다. '몸을 닦으라'는 공자의 말씀이 있다. 몸을 닦는다는 의미는 자신이 직접 부딪쳐 해결 방법을 찾아야 한다는 진정한 의미에 공부를 말한다.

학교 앞 학원들이 줄지어 보인다. 코딩학원, 로봇 관련 학원 등 10년 전에는 생소하던 명칭이다. 직업이 재편되고 있음을 반영한 것 같다. 예전에 컴퓨터 공학에서 하드웨어가 소프트웨어 중심으로 재편되더니, 어느 순간 코딩언어를 배우기 시작한다. 학력에 따라 직업을 고르던 시대에서 학력보다 능력으로 평가하기 시작했다. 아이가 어떤 공부를 하면, 미래에 성인이 된 아이 연봉에 영향을 줄까 고민을 하게 된다. 하드웨어 시대는 지나가고 소프트웨어가 중요해졌다. 조직에 목숨 걸던 시대에서 개인 능력으로, 평생직장에서 자신의 강점을 활용한 직업을 중심으로 편성된다.

코딩은 컴퓨터 언어로 프로그램을 만드는 것을 말한다. 예를 들어, 직사각형 면적을 구하는 프로그램을 만든다고 하면, 면적을 구하는 데 필요한 공식을 제시해 주고 면적을 구할 수 있는 과정을 세워둔다. 문제를 해결하여야 하는 과정을 단계로 만들고 그 문제를 컴퓨터 언어를 활용해서 해결하는 것이 코딩이다. 컴퓨터 내의 명령기호인 코드를 만든다고 코딩이라고 한다. 소프트웨어를 만드는 과정이 창의성과 논리적 문제해결력을 기른다고 한다. 2018년 중학생들에게 34시간 이상 소프트웨어 교육이 의무화되고 2019년 초등학교에서 17시간 필수로 배우게 된다.

코딩이 생각하는 능력을 키운다고 한다. 어느 부분은 맞는 말이다. 다만 궁극적이고 실질적인 부분은 코딩으로만 해결되지 않는다. 코딩은 도구로 사용하면서 아이는 소프트웨어적으로 사고력이 필요하다. 다시 말해서 맥락을 바라볼 수 있는 능력을 키우는 교육이 첨가되어야 한다. 맥락을 찾을 수 있다면 문제해결을 위해 정보를 찾고 이를 응용해서 문제를 해결할 수 있다. 문제해결을 위해 창의적 사고력도 중요하다. 오래 탐색하고, 관찰하며 연구를 통해 문제를 먼저 파악한다. 실용적이고 효과적인 독창적 방법으로 문제를 해결해야 한다. 각각의 지식을 융합해서 논리적으로 문제에 접근한다. 코딩을 위한 맥락적 사고는 필수적이다. 전체를 구조적으로 바라보고 문제의 답을 찾아간다.

소프트웨어적 측면에서의 코딩교육만으로 해결하겠다는 것이 숲을 보지 못하고 나무만 보는 오류가 될 수도 있다. 전체적 맥락 파악 없이 흐름도 알 수 없고, 도리어 머리만 복잡해질 수 있다. 목표를 향해 나가기 위해서 실패해도 생기는 문제를 해결해 나가야 한다. 실질적인 능력을 의미한다. 문제해결력은 실제 기업 경영에서 비전이나 가치를 추구하며 일을 하다 보면 그 과정에서 부딪치는 모든 것들을 문제로 보고 답을 찾아야 한다. 이를 해결해 나가는 실질적인 역량이 필요하다. 그 문제를 해결하기 위해 인재를 채용한다. 기업은 실효성에 기반을 두고 기업 이익과 인류 공영에 도움이 되는 것들을 목표에 둔다. 불법적인 것이 아니면 상상할 수 있는 모든 아이디어와 능력을 동원해서 회사를 키우는 것이다. 개인은 그를 통해 자아실현을 한다. 최적의 결과물을 만들어내 실생활과 연결하는 것이 문제해결력이다.

다양한 분야의 접목하는 능력으로 문제를 해결할 수 있다. 필요한 것은 문제를 다르게 생각해 보는 것이다. 문학, 철학, 역사책 등에 길을 묻기도 하고, 정치, 경제, 역사 측면에서 토론하고, 자신을 설득하고 뭔가 이뤄보려는 과정 전체가 도움이 된다. 웹 기반 환경에서 코딩언어를 배운 후 그것을 접목해서 문제를 찾아 해결해 내야 미래 먹거리를 찾아낼 수 있다. 지금까지 시대는 복사해서 붙여넣기 식 학습으로 삶을 살아가기 가능했다. 정보를 습득해서 바로 사용할 수 있던 시대에서 이제 스스로 문제를 찾고 문제를 해결하는 능력이 중요해졌다. 문제해결 능력 즉, 응용력을 기르는 방법으로 대표적으로 '과제 설정'이 있다. 문제가 무엇인지 파악하려면 호기심을 가지고 관찰하는 시간이 필요하다. 단순히 문제집을 풀면서 반복하는 훈련이 아니라, 자신의 힘으로 문제를 해결해 보아야 문제해결의 근력이 생긴다. 자발적인 탐구 과정이 있어야 과제를 풀 수 있다.

모든 것을 달달 외어서 적용하는 시대는 지났다. 인터넷 검색으로 웬만한 지식은 찾을 수 있다. 외워서 정보를 제공하는 것은 가치가 사라지고 있다. 예전엔 전문직은 기존의 정보를 사용하는 것만으로 훌륭하다고 했지만, 이제는 맥락을 해석하고 의미를 찾는 문제해결력이 직업의 필수가 되었다.

창의적 문제 해결력은 적절하게 문제를 규정하고 새롭고 독창적인 산출물을 만들어내는 능력이다. 어찌 보면 목표에 도달하는 장애 요인이 문제이다. 장애 없는 목표는 목표라고 보기 어렵다. 누구든 노력 없이 가질 수 있다면 가치는 없다. 그래서 목표를 성취하려면 손쉽게 문제없이 도달하기 힘들다. 문제는 목표를 향해 가기 위한 장애물인 동시에 디딤돌이 된다. 문제들을 해결해야만 목표에 나아갈 수 있다. 문제를 규정하고, 질문하고, 찾아보는 과정에서 원리를 찾고 맥락 파악하는 능력이 생긴다.

문제 해결력 키우는 몇 가지 방법을 살펴보자.

첫째, 자연을 통한 직접경험을 하자. 여행은 결핍을 통해 현상을 배울 수 있게 해준다. 새로운 곳은 사람을 본능적으로 예민하게 한다. 일상적인 삶을 살던 곳에서는 무감각했던 일들이 여행을 가서는 감각이 살아나는 것을 느낄 수 있다. 감각이 예민해지면 삶 속에 풀리지 않던 문제도 의외로 자연스럽게 해결되기도 한다.

둘째, 용돈 교육을 통해 문제해결력을 키운다. 욕망의 동물인 인간은 욕망에 대해 적절한 통제가 필요하다. 욕망과 필요의 균형을 찾아야 한다. 이 균형이 깨지면 삶이 힘들어진다. 욕망과 필요를 통해 경제적 지능을 높이고 그를 통해 삶의 문제도 해결할 수 있다. 가지고 있는 시간과 돈은 한정적이고, 욕구는 무한하다. 최적의 선택을 위한 시행착오가 있을 수 있다. 적절한 선택을 통해 기회비용의 최적 가치를 알아간다. 돈을 쓰는 동안 소요 시간과 자본 한정성을 알게 된다. 부모가 평가하지 말고 스스로 생각하도록 기회를 준다. 용돈 사용에 대해 검사는 하지만 비판하지 마라. 삶에서 깨닫고 서서히 배워야 하는 것이 있다. 자립 기본인 경제 분야는 더욱 그렇다. 경제 분야에 기회비용과 현명한 소비는 장래 직업을 고를 때도 마찬가지로 적용된다. 어떤 일을 처리하는 문제해결도 따지고 보면 자본과 시간의 문제이다. 그래서 물건을 잘 못 샀다고 잘못된 소비라고 말하지 않는다. 그 소비를 통해서 다음번 선택에 평가는 달라질 수 있다. 용돈 교육은 문제해결에 기본이 될 수 있다.

셋째, 갈등이 생겼을 때 해결책을 본인이 찾아보도록 한다. 갈등 자체는 나쁜 것이 아니다. 갈등을 바라보는 왜곡된 시각이 갈등의 순기능을 억압하기도 한다. 갈등은 나쁜 것이라고 정의하고 그것을 누르고 좋게만 해결하려고 하니 그 안의 진짜 문제를 직시하지 못한다. 또다시 그 문제가 발생하면 문제를 피하기 바쁘다면 인간관계의 문제는 곪아 버린다. 시간이 지나면 좁았던 문제의 환부가 넓고 깊게 파내야 한다. 어느 순간 손을 쓰지 못하게 엉켜 버리는 경우도 종종 있다. 작은 문제가 생겼을 때 좋은 학습의 기회이다. 왜 그런 갈등이 생기고 그 갈등의 원인을 찾아보고 아이가 그 갈등을 해결하는 방법을 찾아보게 하는 좋은 기회이다. 나와 다른 사람의 생각이 다름을 알고, 더 나아 사회를 살아가는데, 필요한 갈등 상황에 대한 해결 방법을 알게 된다.

넷째, 책을 읽고 함께 토론하자. 책을 읽고 토론하면, 생각의 폭을 넓고 깊게 한다. 자신이 읽고 느낀 것을 말로 표현하면 생각이 정리됨과 동시에 문제가 해결되기도 한다. 질문하는 사람은 질문하기 위해 생각을 해야 한다. 질문을 받은 사람 역시 관찰하고 한 가지를 보아도 깊이 성찰해야 한다. 토론이 힘들면 질문 양을 늘려가는 것도 하나의 방법이다. 다른 사람의 말을 들으면서 의도를 파악하고 지식, 정보를 결합해 답을 만든다.

다섯째, 장사 경험을 하게 하라. 유대인은 아이를 장사를 가르치지 않는 것은 도둑으로 만드는 것과 같다는 말이 있다. 인류가 살아오면서 물건을 사고 파는 것은 생활일부이다. 타인에게 자신 물건을 팔려면 물건의 가치를 알고 그 가치를 알려줘야 판매행위가 가능하다. 상대방을 알고 내가 갖은 가치를 파악하게 된다. 아나바다운동처럼 아이가 직접 판매를 해 보는 경험을 할 수 있는 장소가 요즘에는 많이 마련되어 있다. 적극 활용하면 아이에게 경제관념과 더불어 문제 해결력도 기르게 된다.

아이에게 문제가 일어날 때마다 주의를 주거나 회피하지 말자. 아이가 문제를 탐색할 수 있도록 지켜보고 문제를 잘 해결할 때는 인정을 해주어야 한다. 문제해결력은 삶의 의미를 찾아내는 과정이다. 엄마가 삶을 먼저 살았던 선배이니 무슨 문제든 아이에게 조언해주고 싶다. 삶을 스스로 개척할 수 있도록 아이가 탐구하는 권리를 보장해 주자. 문제가 뭔지를 아이가 알아야 한다. 해결할 문제에 중대성을 모르면 그것을 풀어야 하는 이유를 찾지 못한다. 모든 것에 의문을 갖게 되면 문제를 해결하려는 호기심이 생긴다. 호기심의 크기만큼 문제 해결하려는 동기도 발생한다.

자기 길을 찾도록 도와주라

스키를 즐기고 아침 시간대 귀갓길에 올랐다. 출근 시간이 임박해 온다는 부담을 안고 차에 올랐다. 스노우 머신이 밤새 눈을 뿌려 노면이 미끄러웠다. 나는 보통 때와 같이 D 기어로 내려갔다. 매번 내려가던 길이라 별일 없을 것으로 생각했었다. 그러나 살짝 핸들을 돌리며 미끄러지는 차를 세우기 위해 브레이크를 잡자마자 차는 팽이처럼 제 자리에서 돌기 시작하더니 급기야 360회전을 했다. 순식간이었다. 스스로 질문이라는 것을 하기에는 짧은 시간이었지만 지금까지 삶을 돌아볼 수 있는 계기가 되었다.

그날 이후 삶은 내가 받은 특별한 선물이 되었다. 이제 더 즐기면서 살아야지 결심했다. 즐거움을 느끼며 살고 싶었다. 직장이 적성에 맞지 않은 건 아니지만, 너무 많은 시간을 직장에서 보내니 계절이 오는 것도, 가는 것도 못 느끼고 살았다. 목표도, 삶의 의미도 알지 못하고 지나갔다. 내 색깔을 간직한 일을 하고 싶었다.

하고 싶던 사업을 준비하고 뜻을 같이할 사람을 찾았다. 원하면 구해진다고 뜻이 같은 사람들을 만날 수 있었고, 회사를 떠나올 수 있었다. 생사를 가르는 그 날에 일은 나에게 세상을 보는 법을 다르게 해주었다. '하지 마라.' '이것 해라.' '이것은 해야만 한다.' 지금껏 세상의 명령과 당위성 앞에서 무릎을 꿇었다. 그게 삶인 줄 알았다. 사회를 그대로 받아들이면 잘 살게 되는 줄 알았다. 하라는 것 하면서 살면 행복할 줄 알던 나는 온실 속 화초였다. 온실 속 화초는 밖에 나오면 살기 힘들다. 사막 한 중심에 있는 작은 얼음 조각처럼 세상의 열기에 금세 녹아 사라진다.

지금 나는 나만의 색깔을 찾아가는 중이다. 조금은 돌아가거나 유턴한다 해도 자신이 원하는 삶을 위해서 핸들을 꺾어야 한다. 서울에서 대전으로 가야 하는데, 대구까지 내려왔다고, 지금껏 온 것이 아까워서 계속 밟아서 내가 원하는 대전이라는 목적지가 아닌 부산으로 가기도 한다. 유턴이 가능한지, 핸들을 돌려도 되는지 남의 손에 핸들을 맡기고 사는 것은 아닐까. 자신의 핸들은 자기가 잡고 가야 한다. 마찬가지로 아이도 자기 삶의 핸들을 돌려도 되고, 유턴을 해도 된다고 이야기해주는 것이 필요하다.

들판에 알록달록 하게 핀 꽃은 존재만으로 자연스러운 아름다움을 간직하고 있다. 자신의 향을 낸다. 키가 크면 큰 대로 작으면 작은 대로 자신에 아름다움을 보여주고 있다. 작은 꽃들이 모여서 독특한 향기를 띤다. 모양이 아니면 색으로, 색이 아니면 향기로 자신만의 독특한 정체성을 지녔다. 키가 작다고 꽃이 아닌 것도 아니고, 키가 크다고 다른 것이 아니다. 제각각 다름을 인정하면서 크기와 색깔, 모양을 그대로 들어냈다. 자기 모습 그대로 아름답고 주눅 들지 않고 활짝 피었다. 이름 모르는 들꽃의 아름다움은 정형화되지 않은 자연스러움이다. 제각각의 아름다움으로 조화를 이룬다.

누군가가 매번 방향을 찾아주면 나이가 어릴 때는 다른 아이들보다 성과가 좋을 수 있다. 시간이 지나도 계속 제시해 준다면, 자기 스스로 해야 할 이유를 찾기 힘들어 지속하지 못하고 한 곳에 머무를 수 있다. 자기가 가려고 하는 방향에 자기 설득이 가능하다면 선택한 것에 열정을 가지고 노력을 지속할 수 있다. 자기가 가는 방향을 질문해야만, 자기 길을 찾고 지속할 수 있는 아이가 될 수 있다.

누구나 인생의 유턴이 허용되어야 한다. 자기계발 강사로 유명한 김정운 교수는 나이 오십이 되던 첫날 자발적인 고독을 선택했다. 하고 싶은 일만 하겠다고 일본으로 건너갔다. 돈, 명성, 직장 역시 든든했지만, 일본에 가서 고립을 통해 몰입했다. 외로움에 들어가 자신이 하고자 하던 그림을 가지고 돌아왔다. 교수직에 있으면서 그는 스스로 물었다. '정말 교수가 하고 싶은 거냐?' 대답은 '아니'였다. 정년도 늦고 연금도 많은 받고 사회적으로 인정받으니까 계속하고 있었던 거였다. 질문에 답을 한 후 안락한 자리를 벗어나서 외로움과 자유가 있는 주체적인 삶을 택했다. 돈 문제로만 환산했다면 자신의 색을 찾기는 평생 요원해진다.

문화센터에 '아이와 함께 하는' 요리 수업을 간다. 앞에 앉아 있는 A 엄마 목소리가 강의하는 선생님보다 더 크다.

"이거 이렇게 해봐."

아직 썰지 않은 아이에게 엄마는 빠른 속도로 반응을 보인다.

"그래 그래, 잘하네."

아이가 가만히 있으면 그 순간을 참지 못하고 아이의 칼을 빼 들고 엄마가 잡고 썰어댄다. 자기 기준에서 음식을 예쁘게 만들지 않는다고 생각하면 엄마는 반응한다.

"예쁘게 만들어야지."

아이는 어느 순간 요리에 관심이 없다. 그냥 쳐다만 보고 있다.

"이거 해볼래?"

"엄마가 해."

"알았어. 엄마가 할게."

적당한 자극을 주는 것은 좋지만 아이가 해보려고 시도하기도 전에 반응을 급하게 해버리면 아이는 가만히 있게 된다. 아이가 주인공이 되게 해야지 엄마가 아이에게 자극을 주는 것이 과해서 아이의 주인공인 자리를 꿰차버린다. A 엄마는 음식 수업이 끝나고 실내 놀이터에서 아이에 대해 B 엄마에게 말한다.

"우리 아이는 수줍음이 많아요."

A 엄마가 B 집 아이에게 말을 한다.

"우리 애랑 같이 좀 놀아요."

A 아이가 말할 기회를 엄마 본인이 애달아서 직접 부탁한다.

'숙제를 못 했습니다. 기한을 연장해 주실 수 없습니까?' '엄마! 아빠! 좀 도와주세요.' 이 말은 아이 입에서 나와야 한다. 아이 스스로 어른에게 부탁할 수 있는가? 엄마가 아이 친구들에게 '놀이에 끼워주렴.'이라고 하는 말을 해버리면, 아이에게서 주장하는 힘을 빼앗는 셈이다. 스스로 놀고 싶으면 아이들에게 물어볼 수도 있고, 물었는데 대답이 없으면 아이가 거기서 얻는 것이 있다. 그러면서 세상을 배운다. 아이가 놀고 싶어 하는 것처럼 보이면 아이에게 권한다.

"나도 끼워주라고 말해 보렴, 엄마는 여기에서 지켜봐 줄게."

그 정도로 충분하다. 소중한 아이가 상처받을까 봐, 엄마가 친구를 연결해주는 것은 아이 능력을 키우는 기회를 사라지게 한다. 인간은 상처를 받으면, 어떻게 상처를 이겨낼지 찾게 된다. 거부당했다고 상처를 넘겨내지 못한 아이가 성인이 돼 이성을 만나 처음으로 거부당하면 문제는 커질 것이다. 어찌할 줄 몰라, 극단적인 선택을 하는 경우도 있다. 어떨 때는 아이 혼자 놀고 싶을 때가 있기도 하다. 부모 생각에 아이가 외로울까 봐 친구를 붙여주려 재촉하지 말고 조용히 노는 것에 아이가 만족하면 그렇게 놀면 된다.

만일 당신 죽음이 임박해 왔다고 가정하면, 걱정되는 것은 남게 될 당신의 어린 자녀일 것이다. 자녀가 혼자 자립하지 못한다면 어떻게 해야 할 것인가? 당신이 살아있어도 아이는 자기 삶을 살아야 하므로 아이는 독립할 수 있어야 한다. 부모란 아이를 혼자 있지 않게 해주는 존재가 아니라 홀로 설 수 있게 하는 사람이다. 아이에게 부모의 품이 필요하지만, 아이의 일을 아이가 선택할 수 있게 해야 한다. 엄마가 대신해주는 건 어디까지나 한정적이다. 아이가 스스로 자기 길을 갈 수 있도록 자립하도록 도와주자.

내비게이션이 생겨서 우리의 목적지를 찾는 불편함은 해소했다. 내비게이션 같은 기술 덕에 길을 찾는데 편리해졌다. 반면 기술 발달의 속도가 인간의 삶 전체의 변화를 예측하기 더 어려워졌다. 미래의 목적지는 점점 더 멀어지고 희미하다. 그래서 미래는 예측하는 것이 아니라 대응하는 것이라고 한다. 아이에게 편하고 안락한 길을 가도록 부모가 잘 닦아 주기보다는 스스로 새로운 길을 찾아, 숲을 헤치고 나갈 수 있게 풀 벨 낫을 쥐여주어야 한다.

니체는 인간의 변화과정을 낙타와 사자 그리고 어린아이의 3단계를 이야기한다. 낙타는 순종과 복종, 무거운 짐을 지고 삶을 살아간다. 사자는 자유의 정신이며 부정의 힘, 새로운 가치를 위한 권리를 가진 명령하는 사이다. 어린아이는 새로운 시작과 놀이, 신성한 긍정이다. 일부러 힘을 드러내지도, 약자의 모습을 의미하지도 않는 어린아이의 모습으로 살아가는 것이 궁극의 목표이다. 낙타의 사회적 규율에 맞게 살아가도 사자의 모습과 어린아이의 모습이 공존할 것이다. 어린아이처럼 자기 길을 간다면 '을'에 입장에서도 '갑'처럼 다른 사람에게 영향을 줄 수 있다. 아이에게 자기 색을 찾아 자기 길을 걷게 뒤에서 도와주자.

실패경험을 거듭하도록 시간을 주자

한동안 주식매매를 하고, 많은 고객의 선물옵션 매매 등을 점검하는 일을 했다. 내가 직접 투자하기 전에는 고객의 심리를 이해하지 못했다. 내가 주식매매를 직접 하면서 심리적으로 위축되는 것을 경험하니 어떤 오류가 있는지 느낄 수 있었다. 심리적 측면이 많이 작용하는 주식시장은 이성적인 과학자나 철학자도 어려워한 영역이었다.

18세기 영국 최고의 테마주이기도 했던 남해회사주식, 최초로 정부와의 거래를 통해 세력을 키우고, 투자 거품을 만들어내기 시작했던 회사였다. 주식이 하늘 높은 줄 모르고 오랫동안 치솟았다. 만유인력 법칙을 만든 뉴턴은 첫 투자를 통해서 많은 이익을 본 후, 두 번째 투자에서 재산 대부분을 과감하게 탈탈 털어서 주식을 사게 된다. 그러나 두 번째 주식에서 돈을 거의 다 잃게 된다. 천재과학자인 뉴턴은 돈을 다 잃고 이런 말을 한다. '천체의 움직임은 센티미

터 단위까지 측정할 수 있지만, 주식시장에서 인간들의 광기는 도저히 예상할 수 없다.'

몸소 체험한다는 것은 평면적인 지식과 다른 입체적 깨달음을 겪게 한다. 하나만 알아서는 해결할 수 없는 것을 알게 한다. 실생활 문제의 다방면, 입체성을 파악하게 한다. 강의를 듣거나 책을 읽어도 알 수 없는 사각지대 지식이 있다. 직접 경험에서 오는 노하우 부분이다. 문제에는 여러 가지 해답이 있고, 많은 오답이 존재한다. 예전에는 맞았지만, 지금은 맞지 않는다. 그것을 대하는 자기 마음가짐도 시간에 따라 다르다는 것을 알아야 한다. 주식 투자하면서 심리학부터 철학, 문학, 역사에 대해 공부를 하게 되었다. 투자를 위해서 사람의 심리도 중요했다. 또 사실 내 마음을 믿을 수가 없었다. 내 감정에 따라 어떻게 움직이는지 관찰하게 되었다. 아이도 학습 난이도에 반응하기보다, '공부를 좋아한다, 싫어한다.' 라는 것에 따라 과제를 대하는 마음가짐이 달라진다.

그렇게 투자를 결정하는 것은 인간 이성 측면만이 아니다. 인간은 많은 경우 감성에 좌우된다. 이것은 투자 부문만 국한된 것이 아니다. 특히 소비에 더 심하게 나타난다. 우리는 홈쇼핑에서 쇼호스트가 하는 말에 좌지우지된다. 방송을 볼 때 자기 감정에 더 충실해진다. 많은 경우 필요보다 욕구 때문에 물건을 산다. 자신이 인식하지 못한 순간, 충동구매로 이어진다. 성인도 어린 시절 실패에서 기회를 얻고 여러 번의 시도해봤다면, 자기 행동에 대한 이해가 되어 있을 것이다. 마음 심지가 더 단단했을 것이다. 실제로 실패를 해봐야 이길 방도를 찾는다. 아이가 실패를 맛보았다면 그 후에 기회와 믿음을 주고 기다려 본다. 자기 목이 말라야 우물을 판다. 그 우물에 물은 더 시원하다.

갑자기 비가 내리기 시작했다. 놀이터에 노는 아이는 갈 생각이 없는지 가자는 말을 하지 않는다.

"비 오니까 나와!"

아이는 홍이 아직 남아 가고 싶지 않다. 최대한 못 들은 척하는 것 같다.

"왜! 이리, 엄마 말을 안 듣니?"

엄마 말을 들으면 자다가도 떡이 나오는데, 말을 안 듣는 아이가 답답하다. 비 오는 시간에 놀이터 계속 놀고 싶다면 가만두자. 때에 따라, 아이는 비를 맞으면서 좋다거나 이렇게 하면 더 재미있는 놀이가 될 수 있겠다는 창의성이 생길 수도 있다. 즐거움에 의미가 붙으면 인간은 행복해진다. 아이가 행복한 것이 부모의 소망이 아닌가, 부모는 나오라고 하지 않고 기다려본다. 아이가 먼저 말하게 되면 아이는 주체가 된다.

"비가 와서 가야겠어요."

부모가 먼저 에너지를 소비할 필요가 없다. 아이도 생각하는 존재이다. 스스로 생각을 할 수 있도록 경험을 주자. 비 오는 날에 놀면서 알게 되는 경험도 있다. 실패경험을 주고 기회와 믿음을 주면 충분하다. 여러 번 주도권을 가져본, 경험 있는 아이가 세상이 두렵지 않다고 느낀다.

아이가 신발이 좌우가 바뀐 상태로 보내보자. 우리 사회는 아이가 넘어질까봐 주변의 어른이 알아서 지적해 준다. 엄마가 모르는 것이 아니다. 아이가 불편함을 겪으면 스스로 알 수 있도록 내버려 둔 것일 지도 모른다. 주변에서 바로 신으라고 엄마에게 계속 말을 건다. 실내복을 입고 유치원에 가겠다고 하면 보내 보자. 남에게 보이는 것이 중요한 우리나라에서는 아이가 잠옷 같은 것을 입고 유치원에 가면 엄마가 욕을 얻어먹는다고 생각한다. 엄마 체면이나 위신보다 아이에게 실패경험 하나 더 주는 기회로 삼아 보자. 배워서 내 것으로 만드는 기회이다.

아이를 철모르고 옷을 입거나, 신발을 좌우가 바뀐 채 내보내는 것이 힘들다. 뭐든 알아서 해주는 사람이 있으면 아이는 가치관이 정립되기 힘들다. 대다수 아이가 성장해 결혼하고 가정을 이룬 후 경제관념이 생긴다. 전기세, 수도세 납부기한을 넘겨 끊어져 봐야 그제야 자기 경제생활을 점검한다. 실패를 경험하기 전까지 경제를 경험했다고 보기 힘들다. 경제적 관념은 바른길로만 가는 것을 의미하지 않는다. 선택에서 자신이 어떻게 대응할 수 있는 것에 큰 의미가 있다. 자기 일로 닥쳐야 방향을 잡는다. 돈에 대한 개념이 그때야 생긴다. 다음에 또 이런 일이 생기기 전에 어떻게 해야 하는지 아이는 반성을 하게 될 것이다. 경제주체가 되는 시기에 따라 경제관념이 생기는 것도 차이가 난다. 받아들이는 자세도 다를 것이다. 대체로 나이가 많으면 많을수록 실패로 인해 잃는 것이 많다. 실패하면 오류를 수정하는 시간도 대체로 많이 걸리고 재기를 위한 노력도 많이 든다. 실패를 경험하지 않으면 온실 속 화초처럼 밖에 나와서 엄청난 스트레스를 한꺼번에 받아 견디기 힘들어질 수 있다. 세상은 나이가 들어 저절로 펼쳐지기보단 아이가 펼쳐가는 것에 가깝다. 내가 펼쳐낸 만큼 내 세상은 넓어진다.

아이의 시험 문제를 엄마가 더 신경을 쓰면, 아이는 자신이 틀린 문제에 대한 책임감이 적어진다. 덤벙거려서 같은 문제는 여러 번 놓치고 올 수 있다. 부모가 아이 덤벙거림에 잔소리하면 서로 감정만 상한다. 아이가 덤벙거리며 틀리는 것을 빠른 시기에 알려주자. 실패를 온전히 경험하는 권리를 주면 온전한 자기 책임으로 받아드린다. 문제를 빨리 찾고 해결하려고 이것저것 시도한다. 알려고 하는 만큼 받아들이는 양도 다르다. 자기가 할 수 있는 범위가 생기면 그에 따른 힘도 갖게 된다. 실패를 경험하고 이겨 내는 만큼 자기 그릇 크기를 키워주게 될 것이다.

여행을 가면 가방을 싸는데 필요한 정보를 아이에게 주자. 여행 가방도 본인이 챙길 수 있도록 기회를 준다. 여행지에 가서 알맞은 옷을 가져오지 않아서 매일 똑같은 옷을 입고 다니면 냄새가 나는 것을 본인이 알아차린다. 실패경험으로 돈은 좀 쓰겠지만, 아이가 자신에게 무엇이 중요한지 뭘 챙겨야 하는지 알게 되는 좋은 기회가 된다. 크게 보면 인생 전체가 여행이다. 무엇을 가져가고 무엇을 가져가지 않아도 되는지 점검하면서 살아갈 수 있게 된다.

실패를 경험하면 세상일이 자기 뜻대로 되지 않을 수 있다는 것을 알게 된다. 그 덕에 아이는 당연하게 여기던 일들이 감사로 다가온다. 내가 원하는 방식으로 안 된다고 불평불만을 늘어놓을 시간을 줄이고, 실패에서 조금이라도 벗어나기 위한 원리를 찾으려고 노력하게 된다. 에너지를 올바른 방식으로 쓰려 한다. 경험으로 터득한 능력은 배움의 기술이 되고 삶의 지혜가 된다. 어리다고 다 해주고, 학생이라 공부할 시간을 보장해주기 위해 대신해주면 스스로 노력하여 결과를 얻는 과정의 경험을 잃게 된다. 부모가 실패경험을 막아주는 방파제 역할을 한다. 그 방파제가 없어지면 갑자기 물 밀 듯이 문제가 한꺼번에 쏟아져 들어온다. 본인이 실패하면 받아들이기도 힘들어할 수 있다. 방패막이는 부모가 아닌 아이가 스스로 만들어서 몸에 지니고 있어야 한다.

용돈 교육은 아이가 돈에 대한 개념이 생겼을 때부터 하루 용돈에서 일주일 용돈, 한 달 용돈에서 일 년 용돈으로 기한을 늘려 나가본다. 아이는 자신이 시간과 돈에서 효율적 선택을 하게 되기까지 여러 번의 실패를 경험할 것이다. 실제 과정을 경험하는 것은 경제를 강의로 듣는 것보다 몇 배의 효과 있다.

필자의 아버지는 필자가 초등학교에 다닐 때부터 예산을 작성하게 했다. 작성된 예산에 근거해 용돈을 받았다. 용돈 받는 시기를 정하는 것도 나에게 맡겼다. 예산을 작성해 아버지에게 드리면, 예산이 타당하다고 생각하면 예산에 맞는 금액을 주었다. 나보다 나이 많은 형제가 예산을 적게 작성하면 나이에 관계없이 예산만큼 주었다. 나이가 많다고 많이 주는 것이 아니고 예산에 필요하다고 서류심사 후 용돈을 받을 수 있었다. 우리는 그런 시간을 통해 적절하게 예산을 짜는 방법을 배울 수 있었고, 이번 예산을 토대로 다음 예산을 정할 때 참고하면서 효용 높은 소비가 무엇인지 알게 됐다.

대처 방법이 많은 아이가 두려움이 적다. '실패는 노란불이다.'라는 말이 있다. 실패를 어떻게 취급하느냐에 따라 빨간불이 되고 파란불이 된다. 실패가 이것 말고 또 다른 방법을 찾아보라는 의미일 수 있다. 이런 점을 가르쳐 주는 사건들은 귀중한 기회이다. 똑같은 실패를 반복하는 이유는 다른 방식을 모르기 때문이다. '미안합니다.'라는 말보다 책임을 지는 방식을 가르친다. 전보다 조금 나아지면 그걸 칭찬해 주자. 그 칭찬을 듣고 아이는 더 노력하는 방향으로 전환한다. 아주 작은 일이라도 자기 성장을 인정받게 되면 아이는 자신감을 느낀다. 실패를 통해 자신감을 키우면 전진할 수 있다. 위험한 것을 아예 만지지 못하게 하는 것이 아니라 만지는 방법을 배우게 한다.

실패 경험 후 해결 가능한 정보를 피드백 받으면 시기적절하다. 실패를 겪기 전에 정보를 주는 것보다 효과가 좋다. 시기 적절성이 학습 효과를 증진한다. 실패경험 전 노하우 전수 시에는 들을 수 있는 그릇이 만들어 져있지 않다. 강조해서 말해도 들어오지도 않는다. 때에 따라서는 해 준 충고에 반발심이 들기도 한다. 실패 경험은 들을 수 있는 귀를 만든다. 실패 경험을 매일 얼마만큼 주었느냐에 따라 아이가 실패를 만회하기 위한 자신만의 방법을 찾으려고 노력한다. 거기서 최적의 성취감이 생긴다.

아이가 비효율적인 선택하더라도 기다리자. 스스로 깨닫게 될 수 있게 잠시 거리를 두자. 나이가 어려도 하나의 인격체로 독립적 성취감을 가질 수 있도록 상황을 조성해 보자. 아이가 주도권을 갖고 거기에 실패하면 그 실패를 만회하려고 아이가 노력한다. 아이가 공부를 잘하려면 여러 번의 오답을 통해 오기가 생기고 배우려는 근력이 생긴다. 이렇게 말해주자. '틀려도 돼, 이만큼 성장했잖아.'

선택경험을 곱하라

어린이집 등원하는 아이이게 두 가지 기저귀를 꺼내서 보여준다.

"밴드형 입을 거야? 팬티형으로 할래?"

'입기 싫어!'라고 말하기 전에 둘 중 하나를 선택하도록 한다. 아이는 자신이 선택하면 그것에 대한 책임을 지게 된다. 자신이 선택한 것이면 불편해도 불평하기 힘들다. 짜증 부릴 에너지로 다음번 선택에 집중하여 신중한 선택을 하려고 행동이 변한다. 자기가 선택하는 유능 감을 느끼면 다음번 선택에서 아이는 자기가 원하는 기저귀를 하고 간다. 선택에 따라 삶의 방향이 달라지는 것을 스스로 경험한다.

사막에 목마른 자가 물을 찾아 도착한 곳에 메모장이 붙어 있다. 그 메모장에는 다음과 같은 글이 적혀있다. '한 잔의 물을 넣어 펌프질하면 더 많은 물을 먹을 수 있다.' 한 잔물을 먹어 지금의 갈증을 해결할지, 아니면 한 잔을 넣어

펌프질할지 고민한다. 한참을 고민하다가 선택을 못 해서 그는 죽었다. 선택의 갈림길에서 선택을 못 해 미루다가 더 큰 재앙을 얻었다. 아침에 일어나서 일과가 시작된다. 아침 먹을 때부터 아이에게 두 가지 이상의 선택지를 제시해주자.

"바나나 먹을래? 귤 먹을까? 감 먹을래? 사과는?"

아이는 '과일이 싫다.' 말하기 전에 자신이 선택해야 한다는 것을 안다. 하나의 선택에 책임이 따른다는 것을 배운다.

"친구들이랑 계속 놀래? 물놀이장 갈래?"

아이는 친구들과 놀고 싶기도 하고 물놀이도 하고 싶다. 친구들과 놀면 물놀이장 입장 시간을 맞출 수 없다. 물놀이장에 가면 친구들과 계속 놀 수 없다. 선택을 해야 하는 순간이다. 시간을 계속 끌면 아무것도 못 할 수 있다는 것을 아이는 경험으로 알게 된다. 선택하면서 모든 것을 다할 수 없다는 것을 느낀다. 시간이 한정되어 있다는 것도 알 수 있다. 시간을 효율적으로 사용하는 것도 포함되어 있다. 물건의 가치를 선택할 때도 자신이 중심으로 선택을 계속하면, 선택과 함께 오는 결과를 겸허하게 받아들이고, 다음 번 선택의 참고가 된다. 물놀이를 선택하면 친구들과 노는 것은 못 하게 된다. 그때 '친구와 노는 것'은 경제용어로 '기회비용'이 된다. 물놀이를 선택했으므로 친구들과 노는 것을 못 하게 되었다. 못하게 된 부분을 기회비용이라고 말한다. 아이가 자라 앞으로 고등학교를 선택하고, 대학 전공을 선택할 때 '기회비용'에 대한 고민은 계속될 것이다. 두 가지를 다 선택할 방법이 그리 많지는 않을 것이다. 최적의 선택을 하면 삶의 시간 낭비는 줄어든다. 어릴 때부터 두 가지 이상의 선택지를 고르게 하면 자신이 선택하는 것에 따라 달라질 수 있다는 것을 배우게 된다.

회사나 군대 등 조직에서 결재서류에 사인을 많이 하는 사람은 '최고 결정권

자이다. 그들은 흔히 회장, 이사장, 사장이라고 불린다. 최고 결정권자는 선택한 만큼 책임이 따른다. 선택을 많이 하는 사람이 권력이나 부를 갖게 되는 것은 당연한 것처럼 보인다. 선택은 여러 번의 오류를 겪은 후 스스로 터득해야만 배울 수 있다. 누군가 옆에서 골라주면 그것 자기 선택이 아니다. 선택을 당해 지는 것이다. 누군가 결정한 일만 하는 것은 노예가 대표적이다. 자녀를 위한다고 선택을 해주면 자녀의 미래가 어떻게 될 것 같은가? 아이를 위해서 스스로 선택할 수 있도록 독려해야 한다.

증권회사 주식 매매를 담당하는 직원은 수수료 수익으로 인센티브를 많이 받는다. 급료가 많은 이유는 어떤 종목을 고르고, 언제 매수하고, 언제 매도, 누구에게 추천하고, 얼마나 많은 금액을 들어갈 건지 선택해야 한다. 선택을 많이 하고 실행한 만큼 주머니가 두둑해진다. 선택을 꼭 안 해도 되는 경우라도 아이에게 선택권을 주는 연습을 해보자. 선택 주체가 자기면 그 선택지를 인식하고 분석하고 나아가 비교할 수 있어야 하므로, 삶에 대한 공부가 저절로 하게 되는 시스템이 만들어진다.

부모는 이런 의문이 들 수 있다. 어느 부분까지 선택하게 할 것인가? 먼저 허용할 수 있는 것을 아이에게 범위를 정해준다. 함께 하는 부모의 허용 범위에 따라 아이의 선택도 달라질 수 있다. 아이는 자신이 할 수 있는 범위를 알고 그 범위를 뛰어넘는 방법은 개척하려고 노력하게 된다.

아이가 마트에 가도 한 개는 꼭 고를 수 있다는 원칙을 제시한다. 5,000원 아래 금액은 골라도 된다는 범위를 정했다면 그것에 맞게 가져오면 인정해 주자. 아이가 가져온 물건에 대해서는 정해진 범위만큼은 최대한 존중해 주자. 아이가 자기 능력을 키우기 위한 비용이라고 생각하자. '이런 것을 왜 골랐어? 이런 잔소리를 듣기 위해 공들여 고른 것이 아니다. 범위를 정해주곤 고른 후 그건 아니라고 비판하면, 선택권을 준 어른에 대한 신뢰도 떨어진다. 부모에 대한 신뢰도는 다른 것을 경험할 때도 영향을 준다. 아이가 사온 것이 집에 이미 있는 것이라면 아이에게 의견을 물어볼 수는 있다. '집에도 있는 것 같은데, 다른 걸 고르면 새로운 것을 접할 수 있으니, 다른 것을 구하면 어떨까?' 싫다고 하면 그대로 인정해 주자. 아이에게 어른의 생각을 주입하기 위해서 선택권을 준 것이 아니다. 아이의 자율성을 통해 선택을 배울 수 있도록 하기 위함이다. 아이가 선택을 통해 배울 수 있도록 아이에게 원칙을 제시한 것이다. 정보를 제공해준 후 선택은 아이 책임이다. 원칙이 때에 따라 바뀌면 부모에 대한 신뢰가 떨어질 수 있으므로 그 부분은 주의할 필요가 있다.

부모가 범위를 정하고 선택권을 주면 아이는 자신이 선택했기 때문에 불평이 줄어든다. 정한 범위에 대해 부모가 아이의 영역을 인정해주면 아이는 역시 부모 말을 자연스럽게 귀 기울이게 된다. 아이가 광고를 보고 신제품을 찾으러 갔는데, 아직 나오지 않았다고 말을 하면 지금 당장 달라고 하는 고집 피우지 않고 부모님 말씀에 바로 수긍한다. 아이가 오늘은 구매하지 못하는 날이라고 해도 수용이 가능하다. 선택을 아이가 하게 되는 경험이 많았으면 때에 따라 결핍을 느껴도 부모에 대한 원망이 줄어드는 효과가 있다.

아이에게 선택권을 주는 것은 아이를 어른과 일대일의 인격체로 대하는 것이다. 아이가 선택할 수 있는 존재로 인정하고 아이에게 허용 범위를 정해준다. 물론 처음엔 아이가 단번에 알아듣지 못할 수 있다. 그전까지 어른이 약속을 어겨 왔다면 처음엔 더 수긍이 힘들다. 부모가 아이에게 말한 것이 빈말이 아니라는 것을 꾸준히 증명하면서 신뢰가 쌓인다.

세상을 산 시간이 아이가 부모보다 짧다. 당연히 선택의 오류가 많을 수밖에 없다. 그렇다고 부모가 대신해주는 것은 한계가 있다. 먼저 살아온 부모가 해

줄 수 있는 것은 아이에게 선택할 수 있는 정보를 제공해 주는 것이다. '이것보다는 저것이 이런 부분에서 좋고, 저것도 이것에 비교해 이런 점이 좋다.' 정보를 제공해서 선택민감성을 키워주자. 여기서도 선택 주체는 아이이다. 어른이 아이에게 내 말대로 안 했으니 그렇게 되었다고 비난하면 아이의 선택 근육이 위축된다. 생각하는 힘은 자기 유능 감에서 나온다. 비난하면 자존감이 낮아진다. 선택의 순간 머뭇거려진다. 선택 장애가 생겨서 계속 유보하게 될 수 있다. 자존감이 낮은 아이는 다음 선택의 순간마다 부모를 쳐다볼 것이다. '나는 모르겠어요. 골라주세요?' 부모는 우리 아이는 '자기가 좋아하는 것을 말도 못 한다'고 한다. 자기주장이 없는 순둥이라고 말하기도 한다. 선택을 잘 할 수 있는 정보를 주지도, 선택의 경험도 주지 않고 그렇게 말하기도 한다.

초등학교 때 말 잘 듣는 아이가 효자, 효녀다. 중학교 때는 자기가 좋아하는 것이 확실한 아이가 효자, 효녀다. 아이가 좋아하는 것을 할 수 있게 환경을 준 적이 없으면서 아이에게 중학교 때부터는 너의 진로를 네가 찾아보라고 한다. 자신이 선택해서 길을 찾아본 적이 없으면 가치관이 성장하지 못한다. 하라는 대로 하다가 갑자기 선택해 보라고 하면 불편한 감정이 올라와 백지상태가 된다. 가치관 형성에 도움이 되도록 조금씩 선택하는 기회를 주자.

때에 따라 전문적인 타인의 의견이 필요하기는 하지만 자기 방식으로 일을 처리하는 경험이 없으면 일을 마주하면 하나부터 열까지 스트레스로 다가온다. 선택해야 하는 것은 많은데 누군가가 해주기를 바란다. 의타심이 생긴다. 모든 것이 남 탓이다. '내가 이렇게 안 한 건, 네가 옆에서 말 안 해줘서야!' 삶의 문제가 한꺼번에 쏟아진다. 선택을 계속 미뤘으니 한꺼번에 선택해야 넘어가는 복합적인 일이 기다린다. 자기 선택의 결과를 보고 느낀 바가 있어야 다음 선택에 좀 더 자란 선택의 근육을 활용할 수 있다.

요즘은 전기밥통을 하나 사려고 해도 종류가 수십 가지이다. 종류가 많을수록 나에게 맞는 것을 고르는 것이 중요하다. 자칫하면 자신이 필요한 것을 선택하지 못하고 머뭇거리는 결정 장애가 생기기 쉽다. 전기밥통을 사러 들어갔는데, '인버터'를 들고 나온다. 이유는 그날 인버터가 할인했기 때문이다. 선택이 힘들면 자신은 사라지고 상술에 놀아난다. 사용자는 사라지고 어느새 판매자의 선택에 따라 다니게 된다. 심한 경우 자기가 선택했다고 착각하기도 한다. 선택당하는 경우가 점점 많아지면 자기 생각은 사라진다.

자신이 뭐가 필요한지 고르고 사용한다. 후회해보고 반성할 시간이 필요하다. 선택 후 책임지는 단계가 필요하다. 많은 사람이 결정 장애로 물건 선택에 지장이 있을 수 있다. 물건뿐만이 아니다. 결혼이든, 아이를 갖는 문제에서도 남이 선택해주길 기다린다. 남이 선택하면 자신은 책임을 회피할 수 있다고 생각한다. 매번 선택은 남이 해준다 해도 결과는 본인 것이라는 것을 시간이 지나 알게 된다. 어릴 때는 선택의 결과가 아이 인생에 크게 영향을 미치지 않는다. 아이가 가정을 이루고 선택을 잘못 하면 가정 근간이 무너질 수 있다.

어릴 때 선택능력을 키우는 방법은 '용돈 사용 습관' 길러주는 것을 추천할만하다. 자신의 선택으로 사용하는 물건, 원하는 물건을 결정할 수 있다. 아이는 용돈을 사용하면서 효율성과 기회비용에 최적의 사용법을 찾게 된다. 용돈주는 주기를 늘려가면서 시간에 따른 이벤트를 경험한다. 자신이 사용하는 경제 맥락을 파악하는 지식도 습득한다. 돈을 사용하는 경제교육은 아이의 노후에도 영향을 미친다. 부모 역시 자신의 돈에 대한 노후를 생각하지 못하고 단기적 안목으로 돈을 사용하는 경우가 있다. 그 예로, 아이의 사교육비는 아깝지 않다고 쓰지만, 정작 본인의 노후 자금은 간과하고 있다. 교육투자가 진정 자녀를 위한 것인지 생각해 보아야 한다.

부모와 아이의 미래를 위한 함께 '선택능력' 키우자. 오늘부터 한 개씩 선택할 수 있도록 아이에게 권해보자. 가능하다면 적당한 시기를 봐서, 용돈을 하루마다 주는 것을 이틀에 한 번으로 그리고 일주일로 늘려나가는 방법도 좋다. 옷을 입을 때 아이가 선택하고 직접 입을 수 있도록 보조 역할만 해본다. 철없이 옷을 입어도 밖으로 보내보자. 혹시 아는가? '패션리더'가 될 수도 있다. 결정 장애가 있으면 실패가 적지만, 도전도 없다. '선택능력'이 잘 자란 아이는 실수가 있겠지만 빠른 선택을 통한 탐스러운 열매도 먼저 맛볼 수 있게 된다.

스킨십을 자주 하라

아침 햇살이 침실로 비친다. 아이와 함께 누워서 눈을 바라보고 안아주고 토닥거려준다. 함께 웃고 속삭인다.

"엄마, 잘 잤어?"

좋은 꿈을 꿨는지 물어본다. 촉감을 충분히 느끼며 스킨십을 한다. 후각, 미각, 촉각, 시각, 청각의 감각을 통해 들어오는 행복감을 느낀다. 힐링을 느끼는 순간을 덴마크에서는 '휘게'라고 말한다. 덴마크의 행복의 원천인 휘게 라이프이다. 행복지수 1위인 덴마크에서 배울 점으로 우리도 휘게 타임을 즐기면 어떨까? 자작자작 나무 타는 소리와 후각을 통해 냄새를 맡으며 함께 시간을 보내면서 다른 이와 교감한다. 아침 시간 창으로 들어온 햇살에 시각적인 자극과 피부에 향과 촉감을 느끼며 뒹굴뒹굴하며 아이와 함께 시간을 보낸다. 아름다운 시간을 보내면서 함께한 순간은 추억이 된다. 다시 생각할 때 기억이 재편되어 천천히 느릿느릿 흘러가며, 추억을 곱씹게 된다. 촉감을 느끼던 그 순간은 시간이 흘러가도 그때 느낌은 마음을 따뜻하게 한다. 그 순간을 생각하면 화낼 일도 줄어들고, 아이 행동에 대한 짜증도 덩달아 줄어든다.

잠들기 전에 아이가 안아 달라고 하면, 아이를 품에 안고 잠자리에 간다. 아이 등을 쓰다듬어주고, 머리를 만져주고, 목 뒤를 주물러 준다. 아이는 엄마와 엉덩이 뿡뿡 장난을 친다. 아이는 장난을 치는 동안 근육이 이완된 상태로 미소를 짓는다. 활동 중에는 근육 긴장 상태로 근육의 발달을 가져오고, 쉴 때는 근육이 이완되어 긴장을 풀고 근육 성장을 돕는다. 충분히 이완시켜 주면 아이의 근육 발달에도 도움이 된다. 아이는 엄마에게 장난을 친다. 아이를 꽉 안으면 빠져나가려고 한다. 빠져나와서 나비처럼 날아가는 시늉을 한다. 누워서 서로에게 아이스크림을 만들어 주는 상상 놀이를 해본다. 엄마는 딸기 아이스크림을 먹으라고 한다. 자신은 포도 아이스크림을 먹으면서 서로 역할 놀이를 한다. 상상력과 언어능력은 덤이다. 입과 손으로 만지고 안아준다. 그런 활동들은 마음의 기지개를 켜게 해준다.

아이는 마주 보고 좌, 우, 위, 아래 눈 운동을 보여준다. 아이가 눈 운동을 하는 동안 봐주고, 아이는 눈 운동을 하는 엄마를 바라본다. 바라보고 오랫동안 웃는다. 강아지 부르는 입 모양을 한다. 엄마도 따라 한다. 아이 소근육 대근육 발달도 함께 된다. 푸푸 소리로 '작은 별'을 함께 불러 본다. 서로의 얼굴에 침이 다 튀긴다. 간지럼을 태운다. 아이는 까르르 넘어간다. 아이에게 발로 엄마 마사지해달라고 부탁한다. 밟아주는 동안 아이는 자신이 힘들다는 것을 느낀다. 힘이 빠진 상태로 아이는 옆에 눕는다. 힘이 빠지니 긴장이 풀린다. 웃음소리가 긴 저녁 스킨십 시간이다. 이런 시간이 아이의 감성을 안정시킨다.

어린 시절 필자도 잠들기 전 밤새도록 웃었던 기억이 있다. 아무것도 하지 않았는데, 모든 근육이 충분히 풀어지고 기분이 좋았던 기억으로 남아 있다.

지금 생각하면 기적의 순간 같은 시간이었다. 웃음 가득한 저녁 시간은 축복이었다. 폭죽같이 축복이 쏟아지고 그것을 웃음으로 표현하던 순간이었다. 스킨십으로 긴장을 풀고, 마사지로 힘을 빼고, 웃음으로 내장과 모든 근육을 살아 있게 한다.

퇴근 시간이 다가오면 우리는 아주 천천히 시곗바늘이 움직이는 것을 느낀다. 지루하다고 느끼는 순간, 시간은 천천히 흘러간다. 뒤 돌아 그때를 생각하면 지루했던 시간은 증발하듯 사라지고 기억에서 불편한 감정만 남아 있다. 감정에 분열이 있을 때도 마찬가지 효과가 있다. 한쪽에서 아이가 짜증 내고 울어대고, 어른은 소리친다. 그 시간은 당시에는 길게 느껴진다. 지나가면 그 시간은 불쾌한 감정만 남아있다.

오감을 깨우는 10분은 긍정적인 감정으로 남아 있다. 울고 소리치던 순간은 3분이지만 온종일 불쾌함으로 기억된다. 사람들은 소속과 사랑의 욕구가 있다. 오랜 시간 인간은 나누고 협력해야 살아남았다. 소속의 욕구는 인간 감정적 힘이 된다. 관계를 유지하려고 할 때도 중요하게 작용을 한다. 적당한 정서적인 안정을 위해 아이와 감정을 교류하는 스킨십 타임은 중요하다.

스킨십은 1963년 WHO 세미나에서 미국의 한 여성이 처음으로 사용했다. 피부와 피부의 접촉에서 생기는 애정이나 감정적 교류를 말한다. 스킨십은 엄마와의 애착 형성에도 매우 중요하지만, 영아기 두뇌 자극에 상당히 효과적이다. 피부와 뇌는 같이 외배엽에서 발달한 것이다. 그 이유로 피부를 통해 뇌에 바로 영향을 줄 수 있다. 밀접한 관계를 갖은 피부에 자극은 아이에게 정서적, 지적 영향을 준다. 신체를 감싸고 있는 피부에는 무수한 신경세포가 분포되어 있다. 피부를 조금만 자극해도 뇌에 자극이 찌릿하게 느껴지는 경우가 있다. 피부를 자극하면 뇌 발달에 도움이 되는 만큼 어릴 때부터 많이 안아줄 필요가 있다. 엄마와의 애착 관계가 잘 형성될 뿐만 아니라 아이의 지능 발달에도 도움이 된다.

스킨십을 할 때 옥시토신과 오피오이드 호르몬이 나온다. 옥시토신 호르몬은 사랑의 묘약으로 관계를 끈끈하게 만들어준다. 오피오이드 호르몬은 누군가에게 안겼을 때 나온다. 스킨십에 관련된 두 호르몬은 스트레스를 이겨낼 수 있게 해준다. 스킨십은 감정을 조절해주는 효과가 있다.

본능적으로 부드러운 것을 안고 있으면 마음이 편안하다. 그것을 증명하는 실험이 있다. 유아가 부드러운 천 인형을 좋아하는 것은 스킨십의 효과에 비롯된다는 것이다. 할로우 박사의 실험에서 새끼원숭이는 우유가 있는 철사 어미와 부드러운 헝겊 어미와 함께 지낸다. 철사 어미에게서는 배가 고플 때만 간다. 나머지 많은 시간을 부드러운 헝겊 어미에게 있다. 또 낯선 물건에 놀라면 헝겊 어미에게 가서 안긴다. 낯선 환경에서도 헝겊 어미에게 가서 안겨 있다가 탐색을 다시 시작했다. 포근한 감각을 느끼면 마음의 안정을 가져온다.

의료가 낙후되었던 1980년대 콜롬비아에서 저체중 미숙아를 살리기 위한 고민 중이었다. 인큐베이터가 모자라 대안적 방법을 행하게 되었다. 대안으로 어머니가 안아서 집중치료를 하는 '캥거루 케어'를 했는데, 시행 후 미숙아의 체중이 평균 20g 이상 늘어났으며, 면역력도 좋아졌다. 사망률 7%에서 0.5%로 크게 줄어드는 효과가 입증되었다. 그 후에 효과를 인정받아 미국, 유럽, 남미 등 많은 국가에서 시행하고 있다. 많이 만져준 아이가 지적 호기심이 더 커진다. 정서적 안정과 지능발달에도 영향을 미친다. 스킨십을 많이 한 아이는 좀 더 오래 탐색할 수 있다. 스킨십을 통해 정서가 안정적이어서 다른 환경에 대한 탐구심도 높아진다.

스킨십에 많은 돈이 필요한 것은 아닐 것이다. 마음만 있다면 따로 시간을 마련하지 않아도 된다. 스킨십의 효과는 아이만 행복한 것이 아니라. 부모 역시 행복해질 수 있다. 스킨십을 통해 아이 생각을 빨리 파악할 수 있다. 많이 품어줄수록, 부모와 아이의 애착이 깊어진다. 아이가 책을 읽어달라는 것은 부모를 온전히 가질 수 있어 좋아한다. 스킨십을 통해 배우는 지식은 아이에게 좋은 기억이 된다. 품에 안겨 있어서 더욱 '책은 좋은 것'이라고 책과 함께 좋은 경험으로 남는다. 눈 마주침과 생각, 정서 교류도 많아진다. 책을 읽어 줄 때도 스킨십을 하면서 해 준다면 분주하게 움직이던 친구들도 안정을 찾을 수 있다.

스킨십을 통해서 신뢰를 높여두면 분리 불안의 정도도 줄어들고, 탐색을 잘 하는 아이가 된다. 자기 일을 더 독립적으로 처리할 수 있게 된다. 오래 지그시 닿는 부분을 넓혀보자. 감각의 영역을 나타내는 자료를 보면 손과 입술이 가장 크게 차지한다. 그 덕에 불안할 때 손으로 스스로 몸을 만져줘도 효과가 있다. 아이에게도 손과 입술을 이용해서 충분히 감각을 키워주자.

어느 부분을 집중해서 스킨십을 할 건지 참고 자료가 있다. 50년 전 소련의 키를리안 박사 부부는 몸에서 발산되는 에너지를 사진으로 찍어내는 기술을 개발했다. 사진을 보면, 손가락 끝에서 나오는 에너지가 가장 많았다. 흡사 손가락 끝에서 광채가 나오는 것처럼 보인다. 광채가 약하게 나오는 사람을 강한 사람이 잡아주면 조금 더 강해진 광채를 볼 수 있었다. 접촉요법의 효과를 뒷받침해주는 증거로 볼 수 있다.

스킨십이 아이 정서를 안정시킨다. 애착 육아는 부모와 아이의 관계에서 강한 믿음과 신뢰를 느끼게 함으로써, 이후에 대인관계 및 사회생활, 학교생활에 적응하고 올바른 가치관을 정립할 수 있게 한다. 사회윤리, 믿음, 타인을 이해하고 받아들일 수 있는 이해력을 갖게 되어 마음이 여유롭다. 아이는 어려움을 극복해 낼 수 있는 열정과 긍정을 가지며 성장할 수 있다.

아이랑 스킨십은 아이만을 위한 것은 아니다. 부모도 마음의 여유를 갖게 되고, 행복감을 느끼게 된다. 딱히 돈도 안 들면서 큰 효과를 얻을 수 있다. 일석이조, 나아가 일석삼조, 일석사조이다. 몸과 마음 성장에 효과가 있다. 몸에 좋다는 보약을 먹이는 것도 좋지만, 그전에 아이를 위한 스킨십 타임을 매일 가져보자. 아이도 엄마도 매일 마음이 한 뼘 더 넓어지고 몸이 한 뼘 더 건강해진다. 스트레스 처리 능력이 좋아지고 조절력이 생기며 학습에 대한 자신감도 상승한다.

시간 없다고 놀아주지 못하고, 책을 읽어주는 시간이 없을 정도로 바쁠 수 있다. 스킨십을 자기 전에 잠깐 누워서 하는 것은 그렇게 에너지가 필요하거나 일부러 뭔가를 할 필요가 없으면서도 무엇보다도 효과는 좋다.

긍정 대화를 자주 하라

"이러면 안 돼!"

"엄마가 그렇게 하면 안 된다고 했잖아!"

아이가 느끼는 세상은 안 되는 것 천지다. 어디로 가야 하는지 방향은 알려주지 않고 덮어놓고 안 된다고 하는 양육자의 말에 아이는 갈팡질팡한다.

"어어, 어어 강아지고요. 어어, 고양이도 있어요."

"말 바로 해! 계속 더듬으면 어떡하니?"

아이는 말 더듬는 것은 '하지 마!'라고 해서 줄어들지 않는다. 부모가 지적해서 아이가 의식하는 순간 더듬는 행위가 강화되기도 한다. 오히려 자주 하게 되기도 한다. 아이가 정신력이 좋아서 자신의 마음속에서 긍정언어로 바꾸는 장치가 잘되어 있다면 아이 스스로 말을 더듬지 않으려고 노력할 수 있다. 양육자의 부정어에 반해 아이 마음속에 긍정어가 많아야 가능하다.

"저번에도 말 더듬더니 이번에도 더듬네, 그만 더듬어!"

아이는 주눅이 들어 말을 안 하게 된다. 엄마가 물어봐도 이제는 답을 할 수가 없다. 부정적인 말을 계속하는 엄마에게 말을 하다간 다시 상처 입을까 불안하다.

"난 말 더듬지 말아야지."라고 생각하면 말 더듬기가 더 쉽다. 의식하면 할수록 애쓰면 애쓸수록 안돼서 짜증 난다.

"더듬어도 돼."라고 말해주면 더듬는 그 마음을 진정시켜서 원하는 방향으로 가는 힘이 된다. 의식적으로 더듬는 행위를 하려고 하면 오히려 감소한다. '멍석이론'이라고 해보자. 멍석 깔아주면 잘하던 것도 못 한다.

"난 침착하게 말할 수 있어!"

"침착하게 말하게 될 거야!"

불안을 잠재우기 위한 심호흡 한 번 하고 자기 무의식에 긍정명령어를 넣으면 효과가 배가 된다. 작은 용기를 칭찬받은 아이는 다시 도전한다. 인정받는다.

'흰곰을 생각하지 마세요.'라는 문장을 보면 우리는 '흰곰'을 더 많이 찾게 된다. 그렇게 우리 마음을 움직이는 '무의식'은 부정과 긍정 할 것 없이 모두를 긍정으로 알아듣는다. 삶이 그 방향으로 향해간다. 부정하던 긍정을 하던 앞부분만 기억한다. 안 되는 부분을 강조하는 부정어는 좁은 길을 보여준다. 긍정적으로 갈 수 있는 방향을 보여주면 여기저기를 둘러 볼 수 있고, 새로운 방향으로 넓어진다. 오솔길이었지만 그 옆으로 신작로가 나타나고 거기에 왕복 2차선이 그리고 왕복 4차선으로 넓어져 방향을 찾아갈 수 있다. 안 되는 길은 반항의 길로 접어든다. '그곳으로 가지 말라고.' 만 했지 어디로 가라는 것을 말해주지 않았다. 안 된다고 제지를 가하면 가할수록 멀리멀리 튕겨 나간다.

'안 돼, 거기 아니고 이쪽이야!' 라고 말하면 아이는 하고 싶은 의지나 에너지가 빼앗긴다.

"여기로 넣어주면 좋겠어, 엄마가 편해지니 고마워."

"감사해."

"어제보다 더 나아졌구나."

감사와 격려 관련 언어는 마음을 성장시킨다. 급한 마음에 강력하게 전달하려 욕은 한다면 어떨까? 대화 중에 욕이 나오면 사람들은 욕을 듣기 전에 들은 내용을 잊어버린다. 그것은 욕이 주는 강렬한 효과 때문이다. 성장, 격려 언어를 듣다가도 욕이 나오면 사람들은 욕을 4배 이상으로 기억한다. 욕은 대화의 중심내용을 잡아먹는다. 언어의 블랙홀로 작용한다. 어휘력이 욕이라는 블랙홀로 사라져 버린다. 언어발달에 단계 상승은 요원해진다.

우리는 긍정어를 선택할 수도 있고 부정어를 선택할 수도 있다. 욕으로 아이 행동을 통제할 수도 있다. 욕의 효과는 단기적으로 강렬하다. 욕은 장기적인 관계를 끊어 버릴 수도 있다. 반면 긍정어는 사람과 사람을 연결해준다. 사람이 모이게 한다. 듣는 사람의 마음을 평온하게 한다. 부정어는 사람을 떠나게 한다. 욕은 반항심을 키워 사람을 싫어하게 한다. 선택하는 것은 말하는 사람의 몫이다.

상대를 배려하는 말도 중요하다. 아이에게 '너를 인정한다.' '너의 있는 그대로 모습을 받아들인다.'는 말을 통해 아이는 양육자 곁에서 편안함을 느낀다. 주변을 돌아보는 여유가 생긴다. 도전하고 탐색한다. 창의력이 생기고 다른 사람을 인정할 수 있는 배려도 갖춰진다.

"기차를 타고 싶어."

기차 여행을 원하는 아이와 함께 기차를 탔다.

'냄새나서 머리 아파.'와 '머리가 아프지만, 막히는 시간이 없어서 도심을 곧 바로 들어갈 수 있다. 도착지에 빠르게 갈 수 있어.' 아이가 부정적인 부분을 먼저 찾아내기도 한다. 다른 좋은 점도 있다는 것을 알려주면 꼭 나쁜 것만 있는 것이 아니라는 것을 알게 된다. 초점을 부정에 맞춰버리면 여행 나온 내내 기분이 좋지 않을 수 있다. 긍정적인 측면을 바라보고 다양한 곳에 의미가 있는 훈련을 하면 삶 만족도가 상승한다. 부정을 긍정으로 바꾸면 울림이 있어서 더 좋은 추억으로 기억이 되기도 한다.

긍정적인 부분에 초점을 맞추면 긍정적인 영역이 넓어져 만족도가 높아진다. 긍정의 측면에서 보기 시작하면 시각이 넓어져서 다른 것도 볼 수 있는 여유가 생긴다. 반면, 부정을 보면 거기에 집착하게 되어서 다른 것을 돌아볼 여유가 생기지 않는다. 만족도가 높아진 순간이 모여 하루가 된다. 하루가 모여 일주일이 되고, 일주일이 모여 한 달이 되며, 그것들이 모여 인생이 된다. 삶 전체가 질적인 상승을 가져온다.

다이아몬드의 아름다움은 절삭기술에 있다. 커팅이 많이 되어 다수의 면이 생기면 빛에 투과 면이 많아져 더욱 영롱하게 빛난다. 사건의 여러 면을 다 볼 수 있는 성품을 가진 사람은 매력이 두드러진다.

긍정어로 대화를 이어가면 아이는 자신이 '존중받는다.'는 것을 느낀다. 아이도 상대방에게 예의 바르게 행동하려고 노력한다. 내 언어 사용이 아이의 성품을 다듬는다. 성품이 깊이가 있고 다양한 면을 볼 수 있는 고차원적인 사람으로 성장한다. 불평불만으로 발산하는 에너지를 이용해 긍정으로 바꿀 수 있다. 세상의 부정적 면도 내적 성장에 도움이 되는 방향으로 사용할 수 있다.

"야! 이리와 여기 앉아."

아이가 어리다고, 아이가 만만하다고 아이에게 명령투로 말하지 않는지 살펴보자.

중학교 때 우리나라 가전제품과 달리 외국 몇몇 나라는 가전제품이 220V가 아니라는 것을 알게 되었다.

"왜 다른 나라는 220V가 아닌 110V를 사용하죠?"

220V가 에너지 효율 면에 좋은데 왜 110V를 사용하는지 몰라서 물었다.

"110V를 사용하면 제품이 저항을 덜 받아서 오래 사용할 수 있단다."

"그럼 우리나라도 220V 말고, 110V를 사용해야죠?"

"220V가 꼭 나쁜 것은 아니지, 제품에 수명이 짧아지면 기업에서 새 제품을 만들어 팔 수 있지, 기술 발전을 위한 촉매작용을 하지."

부정의 다른 면에서 긍정적인 것이 있다는 것을 알게 되었다. 물론 모든 일이나 사물에는 장단점이 있다. 장단점을 다 찾아보는 것이 필요하다. 최적의 답안을 찾기 위해서는 정보의 편협함에서 벗어나야 한다. 부정적인 언어는 생각을 좁게 만든다. 긍정적인 언어는 다른 생각을 할 수 있게 해준다. 생각을 깊고 넓게 만들어 준다. 어머니와 대화를 하면서 내가 생각했던 부정적인 것을 재점검할 수 있었다. 긍정적인 측면을 좀 더 깊게 연구하게 한다.

일이 늦어져서 귀가하려면 몇 시간 남았다. 아이가 울고 있다고 전화가 온다.

"울지 말라고 말해줘." 언니가 나에게 부탁한다.

"즐겁게 지내고 있으면 엄마가 기쁜 마음으로 빨리 갈 수 있어, 그래 줄 수 있니?"

아이는 즐거운 마음이라는 단어가 자신에게 들어온다. 울지 않아야 한다는 것도 중요하지만 자기 시간을 즐겁게 지내는 것도 중요하다는 것을 알려준다. 긍정적 범위를 정해 주는 것은 아이가 주체적으로 자신의 행동을 조절하도록 한다.

부정적인 말을 들으면 그 말이 내 행동의 죄책감으로 다가온다. 권력자가 피권력자의 행동을 통제하는 가장 좋은 방법 중 대표적인 것이 죄책감을 심어주는 것이다. 죄책감이 자리를 잡으면 자기 생각대로 행동을 하지 못 하게 한다. 죄책감으로 아이를 조정하면 아이는 행동하는 것에 자유를 빼앗기게 된다. 대신 미리 아이에게 범위를 긍정어로 말해 주면 아이는 자신이 통제할 수 있는 범위 내에서 행동하려고 노력을 한다. 그 노력의 대가로 양육자는 아이를 인정해 준다는 긍정의 언어로 화답해 주자. 모든 일의 양면성이 있다. 어떤 쪽으로 보고 무엇을 추구하느냐는 것으로 인생에 방향이 바뀐다. 힘과 방향이 인생을 좌우한다. 죄책감을 주어 통제하기보다는 아이가 스스로 긍정의 길을 걷도록 도와주자.

자연을 접하라

강의 일정이 연결되어 잡혔다. 익숙하지 않은 주제라 준비 시간이 길다. 프레젠테이션 작성에 초읽기가 들어간다. 내 능력은 한정적이다. 덩달아 시간도 없다. 뒤로 물러날 곳도 없다. 강의 주체가 나라서 다른 사람에게 부탁할 수도 없다. 컴퓨터 앞에서 앉아 온종일 머리를 쓰고 있으니 두통이 심하다. 자리에서 일어나 밖으로 나간다.

"아이스크림 하나 주세요."

아이스크림 빨아 먹으면서 하늘을 본다. 하늘이 높다. 인생도 길다. 나무가 자란다. 삶도 계속된다. 책임감에 불타고, 열정이 가득하지만, 더 진전이 없을 때가 있다. 꽉 막힌 기분이 들 때 자연 바람을 맞으면 마음에 공기가 주입된다. 열정도 바람이 들어와 산소가 공급되면 잘 탄다. 다음 단계 점화가 더 잘 일어났다. 꽉 막힌 공간에서 벗어날 수 없는 압박감에 일이 안 풀렸다. 바람을 맞고 생각을 전환하니, 순풍에 돛 단 듯 방법이 떠오른다. 자연을 접하면 지금 상태를 객관적으로 바라볼 수 있는 여유가 생긴다. 자연 앞에서 나는 작은 하나일 뿐이다. 복잡한 일들도 사건 하나하나 두고 보면 큰일이 아니다. 대 자연 앞에서 나의 마음은 다시 도전하고 싶은 초심이 되어 돌아오기도 한다.

헌트 박사가 개발한 오라미터는 에너지장을 직접 측정할 수 있는 장치다. 인체에서 방사되는 전자기장을 1m 떨어진 거리에서 측정할 수 있다. 건강한 사람의 몸에는 타원 모양으로 몸을 둘러싸고 있는 에너지장이 검출되나, 병에 걸려 있거나 신체 이상이 있는 사람의 경우에는 에너지장이 찌그러진 상태로 나타난다. 에너지장을 측정하는 오라미터로 촬영하면 자연을 좋아하는 사람은 자연에 있을 때 투명한 빛이 퍼져 나간다. 깊은 사랑을 느낄수록, 마음이 열릴수록, 깊이 받아들일수록 빛이 퍼져나간다. 생활공간이 작고 한정되면 치매에 잘 걸린다는 결과도 있다. 천장이 높은 곳과 녹지대 주변에 사람들은 스트레스 호르몬 수치가 낮게 나온다.

사방으로 터져 있는 곳에서 창의력이 생긴다. 공간이 열려 있으면 생각도 넓어진다. 한 방향이라도 터진 것도 괜찮다. 긴 창 앞에 앉아서 차를 마실 때 음악을 듣거나 향을 피우지 않아도, 그것만으로 충분하다. 자연을 바라볼 수 있는 긴 창 하나를 갖는다는 건 인생의 행운이다. 한 조각 자연이 인간의 마음을 넓혀준다.

놀이터에 있으면 이런 대화를 듣곤 한다.

"멀리 가지마."

멀리 달려가는 아이를 보고 엄마는 애탄다.

"멀리 가지마! 엄마 간다. 잘 가."

아이가 계속 엄마와 멀어지거나 눈에 보이지 않을 때마다 불안이 올라온다. 새처럼 새장에 가둬져 있지 않으니, 아이가 어디로 가다 잘못되지 않을까 늘 걱정이다. 며칠 전에 뉴스에서 나온 사건 사고를 기억하면 아이에게 나쁜 일이 생길 것 같다.

"집에 가자."

"조금만 더 놀고."

"엄마, 추워!"

"이것만 하고."

참다못한 엄마는 힘으로 아이를 끌고 간다. 아이는 끌려가면서 눈물을 보이기도 한다.

"더 놀고 싶어!"

"밥 먹으러 가야 해, 엄마 아빠 밥 안 먹었어."

규칙은 중요하다. 규칙이 중요하지만, 아이를 키울 때 적당한 융통성이 필요하다. 때에 따라 아이가 몰입 중일 때 다음 계획된 활동을 위해서 일으켜 세우는 경우가 있다. 몰입의 시간이 자주 오지 않는다는 것을 안다면 아이의 탐구 시간을 존중해 주자. 그 존중해주는 시간만큼 아이의 인지능력은 상승한다. 아이에게 따로 배움을 위한 시간을 주기보다, 자연스럽게 생긴 몰입을 지켜주자. 부모도 아이의 몰입시간이 다른 학습 집중에도 연관이 된다. 우리는 자연에서 왔다. 가까운 자연을 탐색하는 시간만큼 세상을 탐색하는 능력도 함께 향상될 것이다. 아이가 놀이터나 장난감에 몰입하는 그 놀이를 하는 시간 길이만큼 공부에 몰입 정도도 비례한다.

아이가 몰입하고 놀 수 있는 범위를 정해 주자. 가능한 한 넓은 범위를 허용해 주자. 공부하는 집중도를 올리는 것으로 생각하고 아이가 스스로 탐색하게 하자. 부모는 자신이 아이에게 '무엇을 해줬느냐.' 초점 맞춰져 있다. 아이를 위해 오늘 놀이공원에 갔고, 비싼 레스토랑에서 밥을 먹었다. 저번 주는 실내 놀이터에 3만 원 이상의 돈을 사용했다. 아이에게 남들이 입을 수 없는 비싼 옷을 사줬다. 그래서 '나는 유능한 부모이다.'라는 점수를 매긴다. 돈을 쓰는 만큼 아이에게 부모 역할을 잘했다고 생각한다. 반면 아이는 부모에게 '어떻게 해줬냐.'에 초점 맞춰져 있다. 나를 인격적으로 대해주고 내 의견을 존중해 줬는가가 중요하다.

'오늘 실컷 내가 원해서 몰입한 시간이 있었다.' 아이는 놀이터에서 실컷 놀랐으니 원이 없다. '다음에는 이렇게 응용해봐야지.' 연구란 것은 깊게 문제를 탐구하는 끈질김이 필요하다. 아이가 끈질기게 뭔가를 탐색할 수 있으려면 탐구할 다양한 장소가 필요하다. 돈으로 장난감을 사준다고 '아이의 몰입'을 사줄수는 없다. 기다려 주는 부모의 여유는 아이에게 비싼 장난감보다 소중하다. 요즘 '전국 축제'는 많은 볼거리와 먹을거리로 넘치고 있다. 아이랑 같이 축제를 보러 가는 것도 좋다. 다만 '무엇이'가 아닌 '어떻게'로 아이들이 좀 더 주도적인 생각을 하도록 자연에 풀어 두면 어떨까?

자연은 최고의 스승이다. 자연은 계절에 따라 변하고, 인간처럼 타성에 빠져서 자기 본연의 모습에서 벗어나지도 않는다. 인간은 자연 속에서 계절에 순응하는 법을 배운다. 어떤 법칙이나 따라다니면서 일일이 말로 설명하지 않는다. 인위적이지 않다. 통제하지 않는 자연스러움이 있다. 자연이 보여주고 느끼게 해주는 오감 만족 교육을 큰돈 들이지 않고 즐길 수 있다.

어른들은 아이에게 몰입과 창의력을 강조하면서, 아이가 놀이를 통해 탐색하고 몰입하려고 하면 귀신처럼 알고 때맞춰 집에 가자고 재촉한다. 그 이유는 엄청 많다. 네가 추워서 가야하고, 엄마가 추워서 가야하고, 더워서 가야하고 오래 나와 있었기 때문에 집으로 가야 한다. 엄마가 집에서 기다리니 가야하고, 다른 가족 구성원들과 밥을 같이 먹어야 하니 가야 한다. 아이의 자연스러운 놀이, 밖에서 하는 활동은 다른 일 뒤로 밀려난다. 부모 생각에 놀이는 나머지 시간에 하는 활동이고, 다음에도 할 수 있다고 생각한다. 아이가 등산을 가는 것이나, 들판에 뛰어노는 것이나 그런 일들은 다음에도 가능하다는 생각이다. 몰입하는 기적 같은 순간이 촛불처럼 빛나고 있으면 끄지 않고, 지켜주면 아이의 미래는 광명이 비칠 것이다.

아이는 생각보다 빠른 속도로 자란다. 우리가 아이에게 무엇을 해주려고 하기 전에 그 시절이 지나가 버리기도 한다. 무엇을 해주기를 아이는 기다려 주지 않고 결정적인 시기가 순식간에 지나간다. 자연을 배경으로 놀 수 있는 시간이 많지 않다. 아이가 자라면 원하지도 않고, 어린 시절이 영원한 것도 아니다. 달리고, 뛰고, 만지고 직접 자연에 몸을 맡기고 뛰어다닌 아이가 욕구 불만도 적다. 밖에서 실컷 뛴다고 에너지를 많이 쓰니 집에서는 차분하게 정적인 곳에 에너지를 사용하게 된다.

흙놀이를 하면 아이는 흙의 성질을 자연스럽게 배운다. 흙과 대비 되는 다른 물질을 비교하고 흙을 만지면서 차이를 알게 된다. 따로 구구절절 설명이 필요 없이 몸소 체험해서 배운다. 어른도 역시 몸을 통해 배운 것은 잊어지지 않는다. 비용을 지급하고 실내로 들어가서 아이에게 흙 놀이를 권하는 것도 좋지만, 밖에서는 직접 공기 마시고 흙을 던져 가면서 자신만의 연구 공간을 만들어 줄 수 있다. 자연에서는 상상하는 그 이상을 경험한다. 놀이에 몰입하는 순간 시공간을 벗어나 충분히 즐기게 된다. 바깥세상은 즐기는 공간만큼이 자기 것이다. '즐기는 네가 챔피언!' 즐기는 자연 활동 범위만큼 아이 세상이다.

우리나라는 자연을 즐기고 축제에 밤새워 노는 사람은 퇴직 후에나 가능하다는 전반적인 정서가 있다. 물질적 여유가 있어야 가능하다. 할 일을 다 한 자에게만 가질 수 있는 트로피 같은 여유이다. 젊은 날, 현재 시간을 노동으로 채우고 미래에 다리가 후들후들할 때 자연을 접하게 된다. 젊은이는 돈 벌어야 하니 자연을 즐기는 시간이 없다. 아이에게도 자연을 접하기보다는 집에서 학습지를 통해 자연현상을 글로 배운다. 자연은 이렇다고 이런 것이 있다고, 글로 배운다. 뭔가 이상하지 않은가?

몽마르트르 언덕을 30대에 갔다. 감성이 발달하지 않은 나는 그곳이 왜 좋은지 알지 못했다. 내 옆 지인은 감정에 취해서 낙엽을 쳐다보며 눈물을 흘리고 있었다. 나는 눈을 껌벅거리면서 그것을 한 참 보고 있었다. 문화적 충격이다. 아니 감정 깊이에 따른 온도차를 느꼈다. 감성이 무뎌질 때로 무뎌져서 아무리 비용을 많이 내고 가도 경이로움을 알아보지 못하는 내가 원망스러웠다. 고기도 먹어본 사람이 잘 먹는다고 자연을 즐기던 사람이 자연의 경이로움을 알아본다.

'여행은 다리가 떨릴 때 가는 것이 아니라 가슴이 떨릴 때 가야 한다.' 여행 일행 중 노부부가 즐거운 마음으로 말타기 놀이를 하며 사진 찍기가 한참이었다. 아내가 말타기하다가 다리가 삐끗했다. 아내의 다리뼈가 부러져서 일정이 6일이나 더 남았지만, 그날 한국으로 돌아가야만 했다. 나이가 들어서 그제야 놀기 시작하면 몸에 무리가 가고 충분히 즐기기 힘들어지기도 한다.

아이가 다섯 살이면, 다섯 살 때 가을은 이번이 마지막이다. 가을에서 느낄수 있는 정서를 만나게 주선해 주자. 작은 등산용의자 하나 준비해서 아이 근처에 앉아 기다려 주자. 자세히 보아야 예쁘다는 말처럼 아이가 노는 것을 자세히 보면 새로운 것을 보이게 된다. 아이가 뭘 좋아하는지 살펴보자. 어른들이 관찰하지 않아서 아이의 흥미와 관심을 모르는 것이다. 탐색하는 아이 모습을 보면 흥미, 관심, 기질을 찾을 수 있다. 제2의 파브르가 될 떡잎이 바로 당신집안에서 자라고 있는지도 모른다. 시간이 있을 때마다 자연 속에 아이를 두고 관찰해보자.

제5장
나눗셈 육아

'감사합니다.' 상대방에게 감사하다는 말을 들으면 과자를 얻거나 놀이터를 갈 수 있는 보상 체계를 마련했다. '감사합니다.'를 듣는다는 것은 어떤 가치를 만들었다는 의미가 내포되어 있다. 나눌 수 있는 자신의 능력이 있음을 알게 되는 것이다. 다른 사람에게 잘 받는 것도 좋지만 자신의 능력을 키우기 위해서는 어릴 때부터 나눔의 기쁨을 느끼게 해보자. 자신의 뿌듯함이 우러나와서 감사를 받기 위한 행동으로 강화된다. 돈을 버는 것도 마찬가지이다. 아름다운 노래에 감사한 사람들이 음악을 내려받는다. 감사한 음악 효과만큼 가치를 인정받는다. 다른 사람을 행복하게 하고 감사한 마음을 느끼게 하는 순간, 돈도 움직인다. 감사를 들을 만큼 가치를 생성시키는 것이 버릇되면 돈을 버는 것도 어렵지 않게 된다.

2003년, 미시간 대학에서 5년에 걸쳐 432쌍의 장수 부부들의 장수 비결을 조사하던 중 찾아낸 공통점이 있었다. 장수 커플들은 정기적으로 몸이 불편하거나 가족이 없는 사람들을 방문하여 봉사 활동을 하고 있었다. 남을 돕고 난 후의 심리적인 포만감이 생겨나 혈압과 콜레스테롤 수치를 하락시켰다. 엔도르핀은 정상치의 3배 이상 상승했다. 침 속 바이러스와 싸우는 면역항체가 상승하는 등 진정한 배려와 봉사 정신이 건강에도 유익하다는 결과가 나왔다.

감정을 나눠라

'엄마가 그랬잖아. 엄마가 해줘?'

엄마는 자신이 잃어버린 물건을 찾고 있는데, 아이도 엄마에게 뭔가 해달라고 요구하면 화가 나기 시작한다. 빨리 물건은 찾아야 하는데, 아이가 성가시게 구니 신경이 쓰인다.

"네가 해봐!"

엄마는 아이에게 친절하지 않은 말이 나온다. 아이는 화가 난 엄마에게 자신의 감정을 이야기한다.

"엄마, 미워!"

"나도 너 미워!"

아이는 엄마의 힘에 못 이겨서 강압적으로 방에 들어가게 된다. 힘이 약하니 당하고 있다. 약자이니, 강자 앞에서 자신의 감정을 나타내지도 못하고, 조용하게 분을 삼킨다.

또 다른 장면을 보자. 아이가 하원 전에 선생님이 알려준 문장을 기억해서 엄마에게 전달하는 내용을 엄마는 알림장에 적어서 보낸다.

"언어전달 뭐야?"

"언어전달 몰라요! 몰라."

다른 애들은 다 언어전달을 잘하는데 우리 아이만 못하는 것 같다. 9개월이 넘었으면 언어전달을 할 만도 한데, 외워 오질 못한다. 주의력이 떨어지는 건가? 엄마가 말한 약속을 무시하나? 하는 생각에 휩싸인다.

"언어 전달 다시 해봐."

강압적이지 않았다고 하지만 말에 힘이 들어가 있다. 눈에는 핏발이 보인다. 아이 입장에서는 억압한다고 느껴진다.

다시 금요일이다. 언어전달을 받아 온다. 댓글에 언어전달을 써서 보내야 선물을 받는다. 못하는 아이가 원망스럽다.

"언어전달 뭐야?"

"언어전달 싫어요!"

"야! 언어전달 뭐냐고?"

"싫어요!"

"언어전달 말해봐. 선생님께서 이렇게 언어전달했다고 댓글 달라고 하잖아."

언어전달을 하고 싶지 않다는 감정이 아이에게 자리 잡았다. 신나게 가족들과 놀고 있는 아이를 향해 엄마는 토요일에도 묻는다.

"언어전달 기억나?"

"몰라."

아이는 언어전달에 '언' 자만 나와도 얹짢아 한다. 엄마가 언어전달을 말하면 잘하던 일도 하기 싫어진다. 이제 외우는 것에 대한 신경쇠약 비슷한 증상이 보인다.

"언어전달 뭐야?"

언어전달로 감정이 안 좋아져서 덩달아 유치원에 가기 싫어진다. 유치원에 가면 언어전달을 해야 하고, 언어전달을 못 하면 엄마가 화낸다. 유치원 선생님도 왜 언어전달 말씀드리지 않았냐고 묻는다. 난감의 연속이라 원인이 되는 모든 것들이 싫어진다. 연관된 것들에도 불편한 감정이 전이 된다.

아이를 키우면 조바심과 불편함이 공존한다. 심리 치료 시에 사용하는 방법의 하나는 어른이 된 본인이 어린 시절의 첫 기억을 찾는 것부터 시작한다. 어릴 때는 언어가 아닌 정서로 모든 정보를 받아들인다. 언어 능력보다 감정으로 사건을 받아들이는 경우가 많다. 감정이 소화되지 못했을 때 트라우마로 남는다. 지배적인 정서가 상황에 따라 자신을 제지한다. 부모와의 관계에서 지적인 측면보다 정서로 관계 맺어진다. 그리고 그 관계는 쌍방적이다. 대화를 자세히 들어보면, 대다수 일방적인 이야기로 흐르는 경우가 많다. 초등학교 교실에서도 흔히 발견할 수 있다.

"지난주 어떤 일이 있었나요?"

선생님이 지난주 일에 대한 이야기를 꺼낸다. 같이 이야기하자는 취지에서 말을 건넨다.

"선생님, 저는 홍시 먹었어요."

학생 A가 홍시를 먹었다고 했다.

"홍시? 우리 할머니가 줬는데, 그때 정말 맛있었다."

학생 B는 난대 없이 자기 경험만을 말한다.

"저희 삼촌 집은 감 농장한다."

학생 C가 이야기를 한다. 자기 삼촌네 감나무 있는 것에 대한 정보를 전한다. 대화하는 것이 아니라. 주제를 두고 정보만 나열하고 있다. 대화가 아닌 독백하는 모습을 보인다. 대화는 쌍방이 정보를 주면 그것에 대한 공감이나 반응이 있어야 한다. 대화는 자기 경험을 이야기하면 상대방은 그 경험에 관해 이야기를 하면서 자연스럽게 주고받는 것이다. 많은 사람과의 대화는 자기 생각에 갇혀 다른 사람 말의 내용을 듣지 않는다. 상대방의 내용은 자기 이야기를 하고자 할 때 필요한 정보일 뿐이다. 대화가 아닌 자기 생각을 일방적으로 내뱉는다. 사람들 각각이 혼잣말하는 것에 가깝다. 다른 사람을 공감하기보다는 자기 공감만을 바라는 독백에 가깝다.

가족들과 이야기 할 때도 그런 경우가 있다. 아이가 이야기할 때 정서를 읽어 주기보다는 엄마가 알고 있는 정보를 이야기해준다. 일방적인 정보 주입으로 자기 생각을 강요하기도 한다.

"엄마, 우리 선생님 정말 이상해요."

아이가 집에 와서 부모님께 말한다. 부모님은 아이에 이야기를 끝까지 듣지도 않고 말한다. 아이를 비난하거나 네 잘못이 뭔지 생각해 보라고 말한다. 그 과정에 아이 마음 읽기는 이루어지지 않는다. 부모 생각에는 감정 읽기는 중요한 과정이 아니다. 그런 과정은 대체로 생략하는 경우가 많다.

"선생님께 그게 무슨 말 버릇이냐?"

"너도 뭘 잘 못 했겠지. 잘 생각해 봐."

"네가 아무 잘못이 없는데 선생님께서 그렇게 했겠니?"

아이 마음을 읽어주는 공감을 위한 시간은 생략되었다. 교육을 한다는 미명 아래 아이가 느끼는 감정은 뒷전으로 밀린다. 아이는 자기감정이 돌덩이처럼 가슴에 맺힌다. 내 감정을 읽어주지 않는 엄마에게 더 이상 말하기 싫어진다. 부모가 속상할 때 아이는 모르는 척 할 수도 있다. 부모도 아이 감정을 읽어 준 적이 없다는 것을 모르고 부모는 속상해 한다. 말랑말랑해져서 녹아내리지 못한다. 흘러보내지도 못한다. 실컷 이야기해서 공감해주고, 대화를 통해 팔팔

끓여 날려주면 수증기가 되어 감정이 날아간다. 모든 관계는 계속 진행형이다. 관계는 변할 수 있다. 아이의 감정을 읽어주고 설명해주면 아이는 더 경청하게 된다.

대화를 통해 정서보다 정보를 주고받는 경우가 많다. 공감 대화가 잘 안 되는 경우, 정서발달에 지장을 주게 된다. 정서는 흰색 천에 색깔을 입히는 것과 비슷하다. 다시 색을 칠해 다른 색을 덧입히기 위해 언어화시켜서 객관적으로 바라봐야 해결 실마리가 잡힌다. 감정분화를 위해서 언어적으로 감정을 확인해 주는 과정이 필요하다. 언어화시키면 자신의 감정을 객관적으로 볼 기회를 얻는다.

정서를 발달시키는 방법으로 감사일지 쓰기를 제안하고 싶다. 부정에서 긍정을 찾는 감사일지를 쓰다 보면, 어쩔 수 없이 내 감정을 드러내서 찾아야 한다. 예를 들어, 지난주 어머니의 수술을 했다. 수술이 끝나면 대변 볼 때 간병인보다 내가 있어야지만 편하다고 하신다. 다른 사람에게 맡기는 것을 원하지 않았다. 그 주간에 감사일지는 내 정서가 드러나 있다.

'어머니가 5시간 연속되는 수술이 잘되지 않을까 봐 겁난다. 연로하신 몸으로 의식을 찾지 못할까 봐 긴장되고 떨린다. 여러 번 문득문득 불안감이 엄습해 온다. 생각하다가 지치고 몸은 피곤하고 힘들다. 난처하고 난감하고 곤혹스러워질까 걱정된다. 그런 생각을 하면서도 일정을 소화해 내는 나에게 감사합니다.'

감정을 바라보기에 좋은 방법 중 자기감정을 언어로 정의하는 것이다. 내 마음을 충분히 찾아서 사건에 대해 느낌을 언어화시킨다. 그런 훈련을 통해 나를 바라보기가 쉬워진다. 내가 긍정적으로 잘하는 면을 환기해주는 것으로 일지는 마무리된다. 인간 감정은 부정적인 부분이 80%가량 된다. 80%의 부정적인 감정을 그대로 가지고 있다면 대부분 시간을 우울감에 젖을 것이다. 기본적으로 인간 삶의 DNA에는 부정적인 것에 반응을 잘해야 살아남게 되어 있다. 위험한 것을 피하고, 잘 모르는 것에 접근하지 않는다. 부정적인 것을 살아남기 위해서 깊게 인식하는 경향이 있다. 인생이 힘들어지지만 오래 살 가망성은 높아진다. 정글에서 사는 인간의 DNA는 현대의 인간 삶에 적용하면 힘들어져서 쉽게 삶을 포기하게 만들기도 한다. 상황이 역전될 수 있다. 그래서 부정을 자세히 보아서 정말 생명에 문제가 되는 부정적인 것과 구분 지어 생각할 필요가 있다. 그렇게 생의 문제가 되는 부정적인 것과 잘살게 해주는 부정적인 것을 구분 지어서 인식시켜 줄수록 삶을 행복하게 영위할 수 있게 된다. 긍정적으로 환기하는 일지의 장점으로 다른 사람의 감정도 바라보기가 쉬워진다. 자기 이해가 되면 타인을 공감하는 여유가 생긴다.

다양한 감정들을 언어화하면서 감정을 분화시킨다. 분화되면 가장 큰 효과는 아이와 갈등이 확연히 준다. 내 감정을 제대로 보니, 내 감정 색깔이 묻어 아이에게 이염되지 않는다. 감정이 아이에게 전달되지 않는다. 또 다른 효과는 아침에는 흥분 상태를 유지하다가 저녁이면 우울한 느낌이 드는 감정 기복이 있는 편이었다. 감정 기복이 나쁘기 보다는 감정 높낮이 차이 때문에 에너지 고갈이 심했다. 오후가 되면 힘든 일을 하지 않아도 피곤이 몰려온다. 다른 일들에 쓸 에너지가 모자라서 코피가 날 정도로 힘들었다. 감정을 언어로 분화시키니 아침저녁으로 감정의 변화의 차이가 크게 줄어들었다. 정서가 안정되니 다른 일을 하는데 사용하는 에너지가 생겨서 생산적인 일을 하는데 몰입하게 된다.

수용이란 부모가 옳다 · '그르다, 맞다, 틀리다, 잘했다, 못 했다.' 판단하는 것이 아니다. 아무런 판단도 평가도 하지 않고 그대로 아이를 받아들이는 것이다. 초등 저학년이나, 미취학 아동은 자신의 감정을 언어화하기가 쉽지 않다. 아이의 상황에 맞게 감정을 찾아서 부모가 언어화시켜준다. '하고 싶었구나. 가고 싶었구나. 먹고 싶었구나. 때리고 싶을 정도로 화가 났구나.'로 표현하는 것이 공감이고 수용이다. 좋을 때, 나쁠 때, 기쁠 때, 슬플 때 아이 마음을 그대로 받아들인다. 뭘 사겠다고 떼쓰는 아이는 마음은 수용하고, 행동을 제한한다. 부정적인 감정도 그대로 인정해 준다. 인정 후에 행동 조절은 훈육으로 들어간다.

"정말 사고 싶었구나. 살 수 없다니 속상하구나. 엄마도 속상해. 오늘은 살 수 있는 날이 아니란다. 매번 살 수가 없단다. 이해해 주겠니? 사진을 찍어 두고 다음 크리스마스나 네 생일날에 할머니에게 사달라고 말해보자."

많은 부모는 아이에게 무엇을 해줬다는 것에 만족한다. 어떻게 해주는 것은 아이 감정에 해당하므로 부모의 공감 능력이 적을수록 알아차리기 힘들다. 반면에 아이는 '어떻게 해주었냐.'에 초점이 있어서 정서로 기억된다. 원하는 것을 사주면서 부모의 태도에 따라 아이가 느끼는 감정은 다르다. 원하는 것을 사줬다는 것이 끝이 아니다. 그 순간 부모가 잔소리하거나 비난을 하면서 준다면 아이는 모멸감을 느낄 수 있다. 아이는 자기 발달과업을 수행하기 어려워진다. 눈치 본다고 바빠서. 어른에게 좌지우지되는 우유부단한 아이로 자란다. 눈치 보는 아이에게 엄마는 말한다.

'눈치 보지 말고 자신 있게 말해.' 눈치 보도록 비난하면서 말은 그러지 말라고 한다. 이중적인 부모 밑에서 아이는 혼란스럽다.

아이의 마음을 물어보면 정서 치유에 도움이 된다. 관점을 아이에게 맞추자. 자기감정을 있는 그대로 표현해도 된다는 것을 알려줘야 한다. 아이가 자기감정을 인식하고 표현할 수 있다. 아이가 능력이 있어도 정서가 안정적이지 않으면 능력을 발휘하기 힘들다. 하루아침에 정서는 변하거나 키워지지 않는다. 삶이 달라지기 위해서 가장 가까이 있는 양육자가 감정 분화할 수 있도록 도와준다면 아이 미래는 지금보다 더욱 확장되어 펼쳐질 것이다.

자신이 가진 것을 나눠라

"엄마, 신발도 가져다줄 수 있을까?"

독서실을 나갈 때, 아이는 엄마보다 먼저 신발장에 있는 신발을 꺼내 든다. 앞서간 아이는 자기 신발은 오른쪽에 잡고 왼쪽에는 엄마 신발을 들고 와서 엄마 쪽 출입문 바닥에 놓는다.

"고마워."

엄마는 아이에게 부탁한다. 엄마가 직접 하면 빠르지만, 아이에게 부탁하면 일을 위임하는 효과를 얻는다. 아이는 서툴지만 거듭되면서 자기 방법을 찾게 된다. 이렇게 하면 감사하다는 말을 듣는다는 것을 안다. 아이는 자신이 누구에게 도움을 주었다는 유능 감을 느낀다. 스스로 무엇을 할 수 있다는 느낌이 들게 아이가 할 수 있을 만한 것은 위임 해보자.

장애 아이를 입양하고, 자립할 수 있도록 키우는 엄마가 방송에 나왔다. 그 여성이 어릴 때 아버지 교육방법이 인상 깊었다. 일주일에 한 번, 다른 사람에게'감사합니다.'라는 소리를 들어야지 밥을 주는 날이 있었다. 이 집은 아이가 일정한 나이가 되면 집에서 나와 자립을 하도록 했다. '고맙습니다.'라는 말을 들어야 밥을 준 것은 자립을 돕기 위한 과정에 일부였다. '고맙다.'는 소리를 들으려면 상대에게 도움이 되는 행동을 해야만 들을 수 있었다. 아이가 세상에 가치를 만들 수 있게 스스로 자립하게 돕는 것이다.

세상이 어지럽던 춘추전국 시대에 공자는 고뇌했다. 인간이 동물보다 다를 것 없던 시절이었다. 서로 죽이는 전쟁이 끊임없었다. 조금 더 땅을 차지하기 위해 사람을 죽이는 건 비일비재했다. 그 시대 인간은 파괴를 위해 태어난 것으로 보였다. 오랜 생각 끝에 공자는 사람에게는 동물과 다른'인'이라는 덕목이 있다고 천명한다. 그는 인간 본연의 측은지심이 인간을 인간답게 만든다는 것이다.

현대사회에도 비슷한 문제가 있다. 돈 때문에 사람을 해치는 경우가 있다. 그것은 그 시절 전쟁과 다를 것이 없다. 돈으로 살 수 있는 것도 많지만, 돈으로 살 수 없는 것들이 있다. 돈으로 살 수 없는 따뜻한 마음, 측은지심은 물질 이상의 가치를 가진다. 삶에서 돈은 중요한 것이다. 삶을 살아가기에 중요한 것이다. 삶 속의 소중한 것을 지키기 위해 필요한 것이 돈이다. 그런데 중요한 돈을 위해서 소중한 것을 놓쳐 버리는 경우가 종종 있다. 인간 본연의 마음을 나눌 수 있도록 아이가 유능 감을 느낄 수 있게 기회를 주자. 다른 사람과의 비교보다는 아이 자존감을 키워 주자. 인간 자존감인 아이 마음속 '인'을 지켜주자.

'네가 안 해줘도 돼.' '엄마가 알아서 해.' '네가 안 도와주는 것이 엄마 돕는 것이다.'

이런 말은 아이가 능력을 키울 좋은 기회를 놓치게 만든다. 아이 마음에서 우러나오는 '인'이 도움의 손길을 보낼 때는 무참히 밟아 버리는 것이다. 아이는 자신이 다른 사람에게 도와주고 싶은 마음이 있다. 엄마가 '쓸데없는 짓'을 한다는 말 한마디로 측은지심이 무너져 버린다. 나중에 커서 아이가 힘이 있을 때 도움을 받으려고 하면 아이는 '부모님이 알아서 하세요.'라고 지금까지 그랬던 것처럼 부모에게 도움을 주지 않을 수 있다.

초등학교 때부터 오랜 시간 함께 한 지인 A가 있다. A는 고등학교에서도 좋은 성적을 유지하고, 일류 대학을 갔다. 특이한 점은 A는 과외를 하거나 학원에 다닌 적이 없었다. 그런데도 A는 뛰어난 이해력을 가지고 있었다. 내가 궁금할 때 물어보면 언제든 설명도 잘 했다. A의 설명을 들으면 이해가 쉬웠다. A의 설명은 전공한 선생님들보다도 어떤 때는 이해가 더 쉬웠다.

시간이 지나 A에게 물어보니 자기 집은 학습 면에서 다른 부분이 있다고 했다. 자기가 배워오면 엄마에게 알려주거나, 언니에게 설명해 줘야 한다는 것이다. 그 시절 피아노 교습소가 그리 많지 않았다. 수강료도 비쌌다. 큰 언니가 피아노를 배우고 오면 모두에게 종이 건반 용지를 활용해 그날 배운 것을 전달했다. 엄마 역시 자녀가 배우고 오면 시간이 허락할 때면 함께 배웠다. 작은 언니가 배워온 수학을 동생에게 전달하거나, 막내가 서당에서 배워온 한자는 막내의 입을 통해 전달되었다. 그 집은 모두 서울의 최고 명문대에 입학했다. 친구 어머니와 아버지는 학력이 좋은 편이 아니었다. 가정 형편도 좋지 못해서 아이들이 원하는 사교육을 모두 해줄 수도 없었다.

자매끼리 자신이 배워온 것을 알려주면서 복습 효과가 나타났다. 다른 형제에게 알려주면서 자기 유능 감을 느끼고, 학원에 있는 동안 강사 말에 집중하고 하나라도 더 배우려고 노력한다. 강사 역시 열심히 하는 아이에게 더 많은 것을 알려주려고 한다. 다른 사람에게 강의하면 가장 많이 배우는 사람은 강의를 듣는 자가 아닌 강의를 하는 자이다. 질문이 들어올 만한 것을 자신이 먼저 질문하고 답을 찾아보아야 한다. 배움을 넘어 깨달음이 가득한 시간이 지속된다.

돈도 안 주는 부모와 돈도 주는 부모가 있다. 또, 돈만 안 주는 부모와 돈만 주는 부모라는 말이 있다. 부모가 무형과 유형의 유산을 주는 유무로 나뉘어있다. 돈을 벌 수 있는 능력을 주는 것도 돈을 주는 것보다 가치가 있다. 돈도 주는 부모도 좋지만, 돈만 안 주는 부모가 된다면 나머지 부분은 아이가 알아서 자기 능력으로 채워 넣을 수 있다. 자기 재능을 알고 그것을 사회에서 나눌 수 있다면 오랫동안 가슴 뜨거운 삶을 살게 될 것이다. 자기 재능과 소명의식까지 가지고 있다면 인생은 살맛이 날것이다. 돈을 유산으로 주기 위해서 돈으로 얻을 수 없는 중요한 것을 놓치고 있지는 않은지 돌아보자.

만일 당신이 돈만 보고 일을 했다고 가정하자. 당신이 돈이 많아지면 그 직업에 근무해야 하는 이유도 함께 사라진다. 돈만 의미가 있다면 갖은 돈이 많지만, 스스로 삶을 마감하는 사람들은 왜 생기는 것일까? 아이에게 살아가는 의미를 부여해 주자. 재능을 나눌 수 있다는 것은 자기 삶을 지탱해 주는 구심점 역할을 할 것이다.

"시원하다."

"이렇게 하면 시원해?"

아이가 무심코 밟은 발에 엄마가 반응한다.

"엄마, 밟아줘! 마사지 잘하네!"

아이는 땀을 흘리며 전력을 다한다.

"우와, 고마워! 피로가 확 풀리네! 덕택에 고마워."

아이는 다음부터 누워만 있으면 주무르고 밟아 준다. 아이는 자기 재능을 찾은 듯 기쁨에 겨워 다른 사람에게 도움 되는 행동을 한다. 아이에게 자신이 유능 감이 있고 다른 사람을 도울 수 있다는 것을 알게 되면 다른 곳에서도 자신의 능력을 발휘한다. 놀이터에서 떨어져 버린 신발을 찾아서 친구들에게 주거나, 쓰레기가 있으면 자신이 한 것이 아니라도 주워서 버린다. 자신이 이 세상에서 영향을 주고 있다는 것을 느끼기 시작한다. 함께 살아가는 법칙을 알게된다. 고맙다는 말은 아이에게 그런 행동을 강화하게 된다. 좋아하는 장난감을 갖게 되었을 때의 즐거움과는 다르다. 타인을 기쁘게 할 때, 가슴속에서 올라오는 만족감을 느끼게 된다.

상대의 마음을 알기 위해서 관찰은 필수다. 때에 따라 관심과 대화가 추가된다. 어떤 것을 좋아하는지 타인을 이해하려고 듣게 된다. 아이는 다른 사람을 이해하는 과정에서 자기 자신도 이해하는 과정을 겪게 된다. 접근을 어떻게 해야 하는지도 배울 수 있다. 저절로 사회성이 발달한다. 돈, 시간, 지식, 가치, 재능을 나눌 수 있다. 여러 가지 나눔이 있다. 가까운 사람에게 자기 노래나 음악을 들려주기도 한다. 엄마, 언니가 밥 먹는 동안 지켜 봐주면서 본인이 갖은 시간을 나눈다. 토론이나 토론자로 참석해서 지식을 나눠주기도 하고, 우정과 사랑을 나눈다. 그런 일상 속 나눔이 범위를 넓히면, 나와 관련되어 있지 않은 사람들에게도 나눔을 할 수 있다. 먼저 다가가서 나눔을 청하기 시작하면 자신을 둘러싼 영역이 밝고 활기차 진다. 연주를 통해서 다른 사람을 즐겁게 하고, 그림 그리는 재능으로 아름다운 벽화가 있는 마을을 만들어서, 많은 사람을 기쁘게 할 수 있다. 내가 아는 지식을 세계인과 공유하여서 기술 발전으로 연결시킬 수도 있다. 자신의 작은 행동 하나하나가 연결되어 있다는 것을 아는 아이라면 삶이란 큰 크림을 멋지게 그릴 수 있다.

사람은 가까이 있는 사람이 행복하면 자기 행복지수가 함께 올라간다. 그렇게 우리는 사회구성원과 유기체처럼 연결되어 있다. 가까운 사람에게 선한 영향을 주는 아이로 큰다면 덩달아 아이 행복도 올라가고, 아이 주변 사람들의 행복도도 올라갈 것이다. 나눠준다고 내게 가진 것이 줄어드는 것이 아니다. 또 나눠 준다고 주는 것으로 끝나는 것이 아니다. 아이가 나누면서 마음으로 받는 뿌듯함과 감동, 사랑을 얻고 깨달음과 희망이라는 것들을 얻게 된다. 중력의 법칙이 모든 사람에게 적용되듯, 물질적 풍요는 보이지 않는 가치를 이해해야만 얻을 수 있고 유지할 수 있다. 모든 인간이 가지고 있는 측은지심은 세상을 밝게 하고 자기 삶의 의미를 찾게 해준다.

단계를 나눠라

우리나라 주식시장이 매일 최고가를 경신할 때였다. 그때는 '나누라'는 말이 었다. 나는 소위 말하는 팔랑 귀였다. 그 시절 정보를 내 수준에서 이해하곤, 무 조건 나눠 담으면 수익이 나는 줄 알았다. 주식을 계좌에 100종목, 그것도 모자 라 200종목까지 백화점을 만들었다. 종목이 많으니 관리가 될 리 만무했다. 어 느 순간 가지고 있는 종목이 뭔지 내가 알지 못했다.

또 새로운 말이 들렸다. '갈아타라'는 말이었다. 팔랑 귀인 내 귀 레이더에 걸 렸다. 얼른 그것을 실행해 옮겼다. 반 토막 난 것도 다 팔고 수익이 난 종목으로 갈아탔다. 얼마 지나지 않아 또 수익이 떨어진 것을 팔아서 다른 쪽으로 옮겨 갔다. 그러자 손실은 이만저만이 아니었다. 피곤하고 매매에 대한 흥미도 떨어 졌다. 당연히 수익은 없었다. 결과는 엄청난 손해였다.

어느 날 '주식이 내려가는 신호가 나타났다.'라는 문자를 받았다. 존경하는 지인이 보낸 메시지라 굳게 믿었다. 그 말이 맞았다. 많은 종목이 내려갔다. 하지만 내가 판 종목은 내려가지 않았다.

내가 팔랑귀여서 다른 사람에 말에 좌우지되는 시절이 있었다. 내가 단계를 밟아서 어느 수준에 올라오면 다른 정보를 찾아다니거나 점을 치는 등 휩쓸리지 않았을 것이다. 누가 옆에서 말하면 자기 확신이 없다면 넘어가기 쉽다. 초기 단계 시작은 미약할 수 있다. 남들이 보기에 잘못된 길을 간다고 말할 수 있다. 계속 남 말 듣고 이렇게 가고, 저렇게 가면 자기 길을 가지 못한다. 다른 사람이 내 인생 책임져 주지 않는다. 늦더라도 자기 길을 저벅저벅 걸어라. '당나귀를 팔러 간 아버지와 아들'처럼 지나가는 사람 말을 듣다가 자기 호흡이 꼬여 삶이 엉망이 되면 누구에게 책임지라고 말 할 수 없다.

스키를 타면 며칠 안 배우고 상급코스로 간다. 우리는 빨리 성과를 내는 것에 익숙해져 단계를 밟아가는 것 보다, 급하게 앞서나가서 해내는 것에 가치를 두는 경우가 많다. 무리하면 탈이 난다. 그 예로 무리하게 음식을 먹으면 위장에 탈이 난다. 술을 많이 먹으면 간에 탈이 난다. 단계에 맞지 않게 산 위로 올라가다 다친다. 다치면 시간이 더 걸리게 된다. 빗장뼈가 나가면 몇 달은 쉬어야 한다. 그렇게 다친 기억은 재시도하고 싶은 마음을 꺾는 경우도 많이 있다.

자기 단계를 정하고 그것을 하나하나 성취해 가라. 아이는 반복을 통해 자신이 익숙해지면 다음 단계로 넘어간다. 단계를 충분히 겪으면 아이는 다음 단계로 간다. 낮은 단계의 책을 가져오면 그것을 원하는 만큼 계속 읽을 수 있게 하라. 그 단계를 탄탄하게 다지는 것이 필요하다. 오랫동안 단계를 다지는 것이 어눌하고 느려 보여도 아이는 그 속에서 많은 것을 습득하고 있다.

자녀와 나이가 비슷한 아이가 수영을 잘한다고 자녀를 물속에 밀어 넣는다면 어떨까? 트라우마가 자신을 괴롭히게 될 수도 있다. 아이 학습도 그런 수영

단계처럼 서서히 할 필요가 있다. 물과 친해지는 단계 후에 수영의 영법을 배워야 효과가 있다. 누군가가 잘하면 내 아이도 잘 했으면 하는 조바심이 생긴다. 필자가 유치원을 다닐 때 어머니는 다른 애들이 수영하니 너도 할 수 있다면서 물속으로 넣었다. 어미 호랑이가 아기 호랑이 절벽에 던져 죽는지 사는지 시험받는 그런 느낌이었다. 죽으면 어쩔 수 없다는 것인가? 온갖 생각이 났다. 그날 기억은 어머니에 대한 신뢰를 떨어지게 했다. 수영장이 바로 집 옆에 있었다. 나는 그 후로 15년이 지날 때까지 수영장에 가지 않았다. 늦게 성인이 되어서 답답한 마음으로 단계를 다시 밟았다. 어린 시절 집 옆의 수영장은 무료였고, 대학 다닐 때는 직접 거금을 주고 수영을 배우러 다니면서 생각했다. 사람마다 적절한 단계가 있다고, 단계를 인정해야 한다. 자신은 그 단계가 쉽다고 생각해서 다른 사람이 쉽다고 생각하는 것은 무리가 있다. 그 사람이 잘하는 것은 다른 연계된 단계를 밟았을 가망성이 있다.

겨울 스키장에서 사고가 나는 것을 볼 때면, 아직 단계가 되지 않았는데 무리하게 고난이 코스를 올라가서 자신도 다치고 다른 사람도 다친다. 본인도 물론이고 다른 사람도 이제 시도하기 두려워지게 만든다. 가까운 주변에도 무리하게 올라가서 사람을 다치게 하거나 다친 사람들이 많다. 그런 걸 보면 사람들은 보이는 빙산 아래에 큰 영역을 무시하는 경향이 보인다. 모험하다가 제반 훈련이 없어 빙산 아랫부분을 못 보면 자신이 타고 있는 배는 타이태닉처럼 침몰한다. 단계를 넘어서려고 무리하는 것은 욕심이다. 파멸을 가져온다. 운 좋게 다시 일어날 수도 있지만, 가족이 있다면 가족 전체에게 먹구름이 낀다.

학습에서 습(習)은 단계를 잘 나타내 준다. 어린 새가 날개(羽)를 퍼드덕거려 스스로(自→白) 날기를 연습한다 하여 '익힌다'를 뜻한다. 백번을 빠른 속도로 날갯짓을 하면 날갯짓 하는 모습조차 보이지 않는다. 새 날갯짓이 빨라서 안 보일 정도로 연습을 거듭해서 새는 나는 것을 배운다. 그렇게 날기를 연습하여 나는 것을 터득한다. 나는 것이 삶의 특기이자 기술인 새도 하나를 익히려면 지속적인 연습이 필요하다. 사람도 단계를 밟아 연습해야만 잘 할 수 있다. 유능하게 될 수 있다. 날고 있다는 것을 의식하지 않고 자연스럽게 먹이를 잡을 수 있다.

아이가 달려와서 무릎으로 허리 부분을 쳤다. 속도가 붙어서 많이 아팠다. 아프다는 표시를 하니, 아이는 자기감정에 겨워 울기 시작한다.

"미안해요. 잘못했어요."

너무 혼날까 봐 먼저 우는 것이다. 엄마에게 혼나기 전 울음으로 보호막을 치는 것이다. 네가 잘못했다고 말을 하지 않겠지만 엄마는 중간에 끼어든다.

"엄마가 괜찮다고."

사실 엄마는 괜찮지 않다. 아이가 우니, 듣고 있기 힘들어서 그랬다. 억지로 아이를 달래려고 속에 없는 말을 만들지 말자. 이런 기분이 들고 이렇게 하면 안 된다고 이유를 설명해 주자. 임기응변식의 대화가 이어지면 감정을 전달하지 못해서 서운함이 서로에게 남는다.

아이에게 손을 잡아주거나 토닥여 주기만 하고 아이가 그칠 때까지 둔다. 아이에게 그만하라고 소리 지르면 아이는 저항에 부딪힌다. 자신의 감정 단계에 실컷 울고 스스로 멈추는 단계를 지날 수 있게 해주자. 아이는 엄마의 저지를 당하고 아이는 자신이 우는 것도 자유롭지 않다고 생각한다. 어른들은 아이가 울면 달래야 한다고 생각한다. 물론 달래야 하는 경우도 있다. 울음은 감정의 표현이고 그 감정을 인정해주고 기다려 주면 아이는 스스로 이겨낼 수 있다. 단계를 빼먹으면 계단과 계단의 높이가 높아서 아이를 좌절하게 만들 수 있다.

자신의 호흡에 맞는 계단을 만들어서 올라가는 중인데, 옆에서 이래라저래라 하면 아이는 자신의 계단을 만들다가 옆에서 말하는 다른 사람의 건축형태를 따라간다. 자기가 원하는 곳이 아닌 다른 사람의 단계로 흘러간다. 도착지도 아이가 바라는 곳이 아니다.

시한부 판정을 받고 수용하기까지 여러 단계가 있다. 부정에서 분노, 분노에서 타협으로 그리고 우울 후에 수용이라는 단계가 있다. 이렇게 감정의 흐름이 점차 변화되어 간다. 부정을 스스로 충분히 해야 다음 단계 분노로 간다. 분노도 겪어 봐야 타협의 과정으로 간다. 그걸 중간에 누군가가 아니라고 괜찮다고 말한다고 괜찮아지지 않는다. 조용히 그 단계를 지나가게 도와준다. 자신의 감정을 밟아 나가야 스스로 감정의 근원을 찾을 수 있다.

사인펜 뚜껑을 열어둬서 급하게 닫아 뚜껑과 색깔이 맞지 않게 됐다. 아이는 시간이 지나 자신이 닫지 않은 사인펜을 다시 맞춰 꽂으면서 말한다.

"엄마가 틀리게 했잖아."

투덜거리면서 다시 꽂아 넣고 있다. 엄마는 지켜보고만 있다. 그 단계가 지나야 아이는 다음에 이렇게 닫아 두면 다시 손이 안 가겠구나 하는 생각의 단계를 밟게 된다.

단계를 생각하지 않고 산에만 오르면 된다는 것은 욕심이다. 누구를 밟고 올라가거나, 헬기를 타고 가도 산 위에 오르기만 하면 된다는 식이다. 반면에 욕심과 달리 열정은 단계와 과정을 만들고 쌓아가는 과정이다. 단계를 만들고 자기 방식으로 그 단계에 계단을 만들어 가면서 느끼는 성취감과 노하우가 사람을 단단하게 한다.

다른 아이가 자녀보다 위 단계에 있다고, 자녀가 그 아이보다 앞으로 가야 한다고 생각하면서 문제가 생긴다. 만일 우리 아이의 목표가 다른 아이보다 앞으로 가는 것이라면 그 다음 목표는 뭐로 잡을 것인가? 작은 단위로 나눠서 아이가 한 발짝 디딘 것에 박수를 보내자. 어제보다 나아지고, 연습할 때마다 달라진 아이를 그대로 바라보자. 단계 속에서 커나가는 아이의 모습을 살핀다면 아이의 적성과 능력도 찾아낼 수 있다.

작은 단위라도 어제보다 조금 나아짐을 반복하면 어느 순간 경쟁자를 뛰어넘고, 자신을 초월한다. 눈에 보이는 경쟁자를 뛰어넘는 것은 하수이다. 고수는 어제의 자기보다 나아짐을 기준으로 삼는다. 처음에는 뭔가 어눌해 보일 수 있다. 시작은 미약하나 끝은 찬란하다. 자신만의 단계를 밟아라. 자기 페이스를 찾고 그것을 묵묵히 지속할 수 있어야 한다.

옆에서 이렇게 하라고 유혹이 온다. 단계가 넘어가면, 유혹을 이겨내는 힘도 함께 자란다. 벌써 단계를 거쳐 왔기에 다시 바닥으로 떨어진다고 해도 그 단계를 밟아 올라갈 수 있다. 자신이 직접 쌓아 올린 자수성가한 일 세대는 어떻게 올라왔다는 것을 알기에 현재 자기 것을 지키는 것도 철두철미하다. 자식인 2세대는 1세대의 절박함은 없다. 자신이 단계를 밟아 오지 않았기 때문이다. 단계를 밟아야 더욱 탄탄해질 수 있다고 바닥부터 시작하라고 경영수업 차원에서 아래에서부터 출발하라고 하는 경우가 있다. 단계를 밟아 와야 가진 것을 지키는 힘을 가질 수 있다. 아기가 기어 보지 않고 서서 걸어 다니는 경우는 드물다. 기어갈 때 충분히 근육 발달을 겪으면 걸어 다닐 때 실수도 줄어든다. 아이 발달도 단계를 밟는다. 성인도 어떤 것을 배우려면 난세를 밟아야 한다. 안정적으로 성취할 수 있고, 위험과 유혹에도 강해질 수 있다. 작은 단위로 단계를 제시해 주고 아이 스스로 성장하는 즐거움을 가질 수 있도록 돕자.

즐거움을 나눠라

"놀아줄게."

엄마는 아이를 이리저리 데리고 다닌다. 이 영역 탐색도 덜 했는데, 다른 영역을 시도해 보라고 밀어 넣는다. 시간이 지나 엄마가 지친다.

"이것만 하고 가자."

"싫어! 더 할래."

아이는 더 하고 싶어서 엄마에게 떼를 써본다.

"이제 가자고, 밥 먹으러 가자."

엄마 마음은 다음 계획으로 달려가고 있다. 자신이 계획한 것으로 따라 주지 않으면 힘이 든다. 부모는 아이랑 놀이터에 가서 아이의 일거수일투족을 살핀다고 신경을 쓰는 것이 일로 다가온다. 아이와 놀아주는 것이라서 아이의 놀이에서 부모는 객체이다. 주체가 아니다. 아이가 주체이고 부모는 옆에서 다른 일이라는 걸 하는 것이다. 육아가 힘든 건 육아가 일처럼 느껴질 때이다. 육아가 아닌 연애 한다고 생각하며 접근한다면 함께 하려고 노력하지 않을까. 아이랑 상호작용이 활발해질수록 육아의 의미와 재미도 늘어난다.

놀이치료실에 근무하는 지인이 말했다.

"놀이치료사가 아이랑 너무 재미있게 논다고 보일 때가 있어요."

어떤 차이가 있는지 궁금했다.

"그럴 때는 그 치료사 본인이 진정으로 재미있어서 노는 거예요. 치료사가 신나서 즐기고 있는 거죠. 신기한 건 그 치료사와 같이 치료받은 친구들이 놀아주기 한 치료사에게 치료받은 것보다 효과가 좋았어요."

이유가 뭔지 궁금했다.

"아이는 옆에서 정말 즐겁게 놀고 있으면 그 감정도 전이가 돼요. 아마도 아이는 그 선생님이 즐겁게 노니 자기 몰입도가 높아서 감정과 행동도 변화가 쉽게 일어나요."

'감정을 나누면 배가 된다.'는 말은 감정을 나누면 아이도 같이 느끼는 것을 의미하지 않을까? 정서는 마음의 천에 색을 입히는 과정이다. 가까운 곳이나 같은 장소에 있다면 그 사람의 감정을 직관적으로 알 수 있다. 많은 사람은 옆에 있는 사람이 말을 하지 않아도 감정을 아는 경우가 있다. 감정은 표정이나 행동으로 직감적으로 알게 되는 경우가 대부분이다.

여름철, 아이가 물놀이터에 간다고 해서 그늘 하나 없는 햇볕 아래에서 지켜보고 있었다. 아이에게 시선을 뗄 수가 없어 며칠째 열사병 증세에 시달렸다. 속이 울렁거리고 머리가 아픈데 아이를 따라다니니 고역이었다. 감정을 나누면 배가 된다는 말을 들은 뒤로 한번 해보기라도 하자는 마음에, 아이를 데리고 들어가면서 나도 아래는 반바지 입고 위에는 물에 젖어도 되는 티를 입었다. 스마트폰은 멀리 두고서 아이를 따라 물놀이터에 들어갔다. 물놀이터에 딱 7분 정도 발을 담그니 더 놀고 싶은 생각이 없었다. 급한 전화가 오는 것도 아 닌데, 나는 잠시도 몸을 담글 수 없었다. 내 마음의 여유가 없다는 것을 알았다. 그 날 이후 날마다 아이와 교감하는 즐거움의 영역을 넓히기 위해서 조금씩 시 간을 늘렸다. 처음에는 1분 정도 즐거웠다가 며칠이 지나니 5분 정도 즐거움이 유지되었다. 아이 눈을 보면서 자주 웃게 되고 느끼는 감정도 좋아졌다.

아이가 놀이터에 놀 때, 내가 먼저 하늘 가르기(담력 운동기구)를 적극적으 로 했다. 그건 아이를 놀아주는 일이 아닌 내가 하고 싶어서 노는 즐거움이다. 아이는 자기도 하겠다고 달려왔다. 담력 운동기구를 타고 하늘을 가르면서 느 끼는 공기의 감촉이 좋았다. 행복을 느껴보겠다거나 즐거움을 느끼겠다는 것 은 추상적이라 실천하기가 힘들다. 실천하기 위해 오감 중에 하나의 감각이라 도 느껴보자고 마음먹는다. 아이가 잘 올라가는 나무기둥을 단숨에 올라가 본 다. 바지가 찢어졌다. 아까운 바지를 날렸지만, 활동적인 옷을 입어야 한다는 것을 알게 되었다. 나도 이 시간에 내 운동을 함께 해 보자는 마음에서 아이랑 놀이터에 적극적인 자세로 나간다. 아이는 그런 나를 보면서 병행하며 자신의 놀이를 즐긴다.

엄마들과 수다를 즐기는 것도 정신건강에 좋다. 다만 아이랑 함께 있는 시간 에는 잠시 그것을 미루고 몇 분이라도 함께 즐기는 교집합의 시간을 만들어보 자. 아이도 즐겁고 엄마도 행복한 그런 시간을 갖는 것이다. '놀아줄게!'가 아닌 '같이 놀자.'로 바꿔보자.

직접 본인이 해봐야 짜릿하고 신난다. 현대인들은 어떤 일을 해도 건성으로, 몰입하려는 시도를 잘 하지 않는다. 스마트폰이나 인터넷의 발달로 보는 것으 로 대리만족하는 것에 익숙해진 것도 있을 것이다. '내가 안 해봐도 다 안다.'라는 식으로 멀리서 관람석에 앉은 채 쳐다만 보고 있다.

'내가 누구 때문에 이렇게 놀이터에 서 있는 거지.'라고 생각이면 양육자는 힘들다. 놀이터에 같이 가는 것도 양육자에게 일이 된다. 아이는 양육자가 힘든 표정을 짓고 있는데, 마냥 좋지는 않을 것이다. 놀이는 재미있으나, 양육자의 얼굴에서 불편한 감정도 공존한다면 놀이를 집중하기 힘들어진다. 언제 엄마가 가자고 할지 알 수 없어서 불안할 것이다.

직접 하다 보니, 놀이터를 내가 아이보다 더 즐기게 되었다. 가을이라 날씨도 좋고 바람도 맞으니 상쾌했다. 내가 먼저 놀이터에 가고 싶어서 아이에게 길을 나서자고 했다.

"오늘 햇빛이 비쳐서 가면 안 돼. 조금 있다가 가자."

최근엔 아이가 오히려 이렇게 말한다. 나는 기분 장전이 되었는데, 아이는 '오늘은 쉬어도 된다.'고 한다. 주거니 받거니 즐길 수 있는 연애 하듯 육아를 하게 된 것 같다.

아이와의 즐거움 영역을 점점 넓혀 나가자. 매개체로 블록, 그림, 장난감, 책 등을 함께 즐기자. 아이에게 지시하지도 말고 내가 즐기면 된다. 아이는 내가 즐기는 모습을 보고 책이 즐거운 감정을 갖게 하는 매개물이라고 생각한다. 자연스럽게 좋아했는지 알면 알수록 더 사랑하게 될 것이다.

한 번도 아이에게 하늘 가르기 같은 담력 운동을 하라고 부축인 적이 없다. 그런데 하늘 가르기를 묘기 부리듯이 잘한다. 남들이 보기에는 작은 체구의 아이가 어떻게 잘하게 됐는지 궁금하게 생각한다. 초등, 중학생, 고등학생 무리의 박수를 받아 아이는 뿌듯해한다. 사실 아이보다 엄마인 내가 더 잘한다. 아이는 엄마가 즐기는 것을 보고 저것이 재미있다고 받아드린다. 잘한다고 칭찬하면서 강화 효과가 있다. 직접 엄마가 즐기면 아이는 열정이 더 끌어 오르는 것도 많이 있다.

아이에게 책을 읽으라고 한 적이 없다. 한 달에 한 번 정도 3권 읽어 주는 것이 전부이다. 많이 읽어주면 좋겠지만, 내가 책 읽는다고 시간이 없다. 아이는 내가 읽는 책을 한 번씩 가져가서 읽는 시늉을 한다. 뭐가 재미있어서 읽는지 궁금한 듯 자주 그런 행동을 보인다. 많은 시간 아이랑 같이 있으면 부모가 즐기는 것을 아이도 좋은 감정으로 바라본다. 그렇게 정서는 전염된다. 책을 보는 엄마면 아이도 마찬가지 책에 대한 관심을 끌게 된다. 행동이 말보다 더 큰 효과를 보인다. 감정이 행동을 뒷받침해준다.

많은 경우, 엄마가 강아지를 싫어하면 아이도 강아지를 좋아하지 않는다. 정도의 차이가 있겠지만 주 양육자가 어떤 것을 느끼는 감정이 아이에게 말하지 않아도 감지한다. 지식을 전달하는데 애쓰는 것보다 공부가 재미있다는 감정을 전달하는 것이 사람의 행동을 변화시킨다. 감정은 천에 물을 입히는 과정과 비슷하다.

아이가 세상에 나와서 많은 것들을 접할 때 언어보다 감정으로 받아들이고 해석하게 된다. 우리가 최초로 기억하는 내용의 경우 감정적인 충격으로 남겨져 있는 경우가 많다. 그만큼 감정은 절대적이고 생활 지배적이다. 특히 어릴수록 감정이 그 후 인생에 영향을 크게 미친다.

우리는 아이가 행복하기를 바란다. 아이가 행복하다면 뭐든 해 줄 수 있다는 각오가 되어 있다. 정작 물질적인 것에 가려 정서는 뒷전인 경우가 많다. 정말 아이가 행복하기를 바란다면 아이랑 놀 때 엄마가 느끼는 즐거움의 영역을 넓혀 보자. 엄마가 즐겁다는 것을 아이는 모든 감각으로 느낀다. 아이 행복지수는 엄마가 함께할 때 느끼는 감정을 따라 내려가고 올라간다.

필자는 결혼 전까지 성인이 되어서도 날씨가 좋은 날에는 종종 그네를 타러 놀이터로 달려갔다. 그네를 타면서 영화 주제가를 들으면 자유로움을 느낄 수 있었다. 좋은 것이 함께 연결되어 있으니 그네를 타도 행복하고, 평소에 노래만 들어도 그네를 탔을 때의 가슴 두근거림을 느낄 수 있었다. 아이도 마찬가지로 엄마와 놀이터에서 좋은 경험을 함께했다면 엄마를 보아도 즐겁고, 놀이터에 있어도 엄마가 참 좋았다고 기억할 것이다. 시간을 내 것으로 만들고 인생이 즐거움으로 채우려면 유아를 연애하듯 느끼고 참여해보자. 함께 놀이를 즐겨보자.

시간을 나눠라

초등학교 시절 방학이 되면, 학생이면 누구든 방학 과제를 받아 온다. 숙제 중 일기와 일일계획표는 빠지지 않는다. 대접을 엎어서 동그라미를 그리고, 시간표에 색칠하고 일정을 적는다. 잠자기 영역은 넓고 길어 큰 침대에서 자는 모습을 그렸다. 아니면, 모자를 쓴 초승달과 별들을 그 자리에 그렸다. 방학이 시작한 첫날부터 계획표는 휴식시간 없이 빡빡하게 만들었다. 방학 생활 깊어질수록 계획표는 집안을 꾸미는 장식이 되었다.

초등시절 일기는 대체로 일어난 시간 순서대로 쓴다. '아침에 일어났다. 밥을 먹었다. 점심으로 무엇을 먹었다. 무엇을 봤다.' 같은 일상으로 채워졌다. 시간이 지나 지루해 지면 일기 내용도 빈약해졌다. 책에 있는 내용을 베끼기도 하고, 아무 일도 없었다고 적기도 한다. 비록 특별한 내용이 없었지만, 써야 한다는 반복의 힘에서 일기가 주는 효과를 어렴풋이 알 수 있었다. 살아가는 데 가장 중요한 의미를 찾는 지도를 그려보고, 삶의 보석을 찾는 법을 방학 기간을 통해 효과적으로 쓸 수 있음을 실천하게 했다.

나이가 들어 반복되는 일정을 눈에 바로 보이게 나타내기 위해 블록을 사용했다. 어떻게 시간을 보냈는지 '레고 블록'으로 색을 달리해서 정해 두었다. 보이도록 만드니 잊지 않고 처리할 수 있다. 경제 수업 관련 시간은 녹색이다. 경제 강의하는 시간과 이동시간, PPT 작성 시간과 자료 찾는 시간 등 경제 수업에 연관된 블록이 해당한다. 처리할 자료 파일 안에 레고 블록 조각을 넣어둔다. 해야 할 일은 파일 안의 블록 조각이 보이면 처리해야 한다. 아이들에게 양질의 교육을 위한 강사 역량 강화를 위한 능력 향상 시간이다. 정리에 관련된 시간은 파란색이다. 정리 시간은 물건을 찾는 데 허비하는 시간을 줄여주고, 분류화 작업으로 바로 물건을 찾거나, 서류가 필요할 때 바로 뽑아낼 수 있도록 최적화해둔다. 정리는 필수적인데, 내가 바라본 레고 블록에서 파란색은 참 드물다. 집안을 둘러보면 그 시간을 쓰지 않음만큼 어지럽혀져 있다. 집안을 정리하고 파란색 레고블록을 쌓아 올린다.

40대 중반이 넘어가니, 근육량이 확실히 줄어든다. 운동하지 않고 온종일 누워있으니 더 줄어든다. 둥글둥글한 몸매가 되어가는 것도 좋지는 않고 몸무게가 많이 나가니, 관절과 뼈에 무리가 가는 것을 방지하기 위한 운동이 필요하다. 빨간색 블록은 운동한 만큼 쌓인다. 근력운동은 분홍색, 유산소 운동은 빨간색으로 나누는 것도 좋다.

아이를 위한 시간, 주황색 블록의 한 단위는 30분이다. 아이와 충분히 안아주고 놀아주는 데 집중하도록 시간을 따로 보관해 둔다. 실제로 소중하다는 아이에게 시간을 거의 사용하지 않았다. 언제나 아이는 내 옆에 있을 것 같고, 시간은 한없이 주어질 것 같다. 아이의 등원, 하원 시간과 준비와 이동시간은 어쩔 수 없이 사용하지만, 정작 아이와의 나눔의 시간은 미약했다. 하루에 30분에서 2시간 안팎이다. 하루 30분만 아이와 놀았다면, 다음 주에는 1시간을 노는 것으로 추가 조정한다. 레고블록의 색을 보면서 1주일 동안 가장 많이 한 부분을 확인한다. 내가 얼마의 퍼센트로 일을 준비하고, 글을 쓰며, 음식을 만들고 정리를 하는지가 한눈에 보인다.

보이지 않는 것을 보이게 해 두면, 어느 정도 관리가 가능해진다. 내가 했던 것을 보면, 올해 말이 뿌듯하고 만족스럽게 될 것 같다. 레고블록의 색으로 내가 어떤 방향으로 가고 있는지 점칠 수 있다. 방금 신 받은 것이 충만한 무당보다 정확하게 삶의 방향을 바라볼 수 있다. 하기 싫은 정리에 시간을 투여하지 않으니, 정리 안 된 공간이 싫고 다시 정리하고 싶지 않아져 악순환이 계속된다. 정리하는 시간에 투여하는 정도만큼 노하우가 쌓일 텐데, 시간은 투여하지 않고 정리가 잘 되기를 바라는 내 욕심을 바라본다.

시간을 입체화시켜두면 좋은 것은 내가 무엇을 하며 시간을 보냈는지 알 수 있다. 잠자는 시간, 이동시간, 준비시간 등을 빼고 나면 실질적으로 나를 위한 시간과 가족과 함께 하는 시간은 돌아보면 그리 많지 않다. 이런 식으로 시간을 1년을 보내고 5년을 보내면, 후회하게 될 것이다. 운동하지 않으면서 근육이 튼튼해지고 관절에 무리가 안 가면 좋겠다는 것은 욕심이다. 지금 시간을 어떻게 보내는가에 따라 당신의 미래가 창조된다.

전략이나 계획으로만 끝나는 미래 예측은 의미가 없다. 그것은 수동적으로 미래가 온다는 것을 지켜보는 것뿐이다. 당신이 생각한 미래와 실제 미래의 차이가 있다면 다른 방법으로 바꿔 실행해 보자. 입체적으로 재구성해서 나은 미래로 만들어 보자. 나머지 인생과 아이와의 관계를 재고할 만한 부분을 찾기 위해서 시간을 시각화해보자. 오늘 당신은 시간을 어떻게 쓰고 있는지 블록으로 색깔을 찾아 쌓아보자. 뭐가 보이는가? 당신의 미래가 당신 손으로 지어진다.

　아이와의 관계가 좋지 않다면, 관계를 좋게 하려고 연구할 필요가 있다. 관계는 살아있는 생명체처럼 변하고 자란다. 관리를 잘 못 하면 식물이 말라버리듯 죽어 버릴 수 있다. 자신이 얼마나 아이와의 관계를 위해 시간을 쓰고 있는지 돌이켜 볼 필요가 있다. 전자제품이 고장이 났으면 어떤 부분이 문제가 생겼는지 분해를 해봐야 한다. 인간관계도 부분별 확인하고 점검을 해야 알 수 있다. 삶도 마찬가지이다. 어디서부터 잘못되었는지, 잘못되는 순간이 오기 전 여러 번의 예고편을 보여준다.

　1931년 허버트 윌리엄 하인리히는 7,000건 넘는 산업재해 사례분석을 통해 통계의 공통점을 발견한다. 1:29:300이라는 큰 재해와 작은 재해 그리고 사소한 사고의 발생비율을 먼저 나타낸다는 것이다. 삶의 문제도 예고 없이 갑자기 나타나지 않는다. 스스로 눈을 감거나 숨기는 것일 뿐 인생에 문제가 생기는 것도 그전에 작은 문제들이 먼저 보인다.

　무엇을 아이에게 해주는 것 보다. 어떻게 해주나를 아이를 기준으로 시간을 사용하자. 아이에게 엄마 일한다고 말하고는 문을 닫고 인터넷 서핑에 정신을 빼앗기지는 않았는지? 시간을 시각화해 두면 자신이 무심코 허비한 시간을 돌아보게 된다. 시각화해 둔 후 그것을 보면, 웹서핑하다가도 돌아갈 이유와 의미를 나침반처럼 길을 알려줄 것이다.

　마디별 시간을 나누어서 커가는 아이의 성장 속도에 맞게 환경을 바꿔 보자. 그 나이에 필요한 환경은 작년과 다를 수 있다. 곰탕 우려먹듯이 유아 관련 공부를 해본 적 있다고 아이를 다 알고 있다고 하는 건 아닌지, 돌아보자. 꿈을 작게 쪼개서 실천 목록을 만들어서 하나씩 해 나가 보자. 블록으로 구분하여 색깔로 쌓아 가면 자신만의 색채를 갖게 된다. 경쟁자를 초월한 모습을 발견하게 된다.

시간의 마디마디 쉼을 주는 것은 식물에 물을 주는 것처럼 팍팍한 삶에 생기를 불어 넣어준다. 공간도 마디를 둘 필요가 있다. 오랫동안 막혀있는 실내에 있으면 감각은 둔해진다. 사람은 원시시대의 기억을 몸에 간직하고 있다. 실외에 나가면 감각은 살아난다. 세포 하나하나 깨어난다. 각성 된 감각으로 탁 트인 넓은 공간에 나가면 기운이 생긴다. 일이 얽혀있고 진척이 없을 때는 폐쇄된 공간에서 벗어나 사방이 열린 외부로 나가서 환기해보자. 밖에 공기를 마시면서 문제가 절로 풀리기도 한다.

우리는 밤낮없이 아직 오지 않은 미래의 행복을 위해 모든 시간을 일로만 가득 채우면, 현재의 행복은 찾을 수 없다. 어느덧 돌아보면 하루가 다르게 커 버린 자녀를 본다. 아이의 어린 시절 추억은 함께 만들어 보지도 못하고 지나갔다. 자기 일주일 시간을 정리해 보자. 눈에 보이게 입체적으로 하면 잔상이 남아서 자기 가치관에 맞는 삶을 살기 위한 촉매제가 되어준다. 소중한 아이를 위해 돈을 버는 것은 중요하다. 중요한 돈을 벌기 위해서 소중한 것들을 떠나보내는 오류를 범하지는 말자. 삶의 균형이 필요하다. 마디마디 시간을 잘 점검하자. 고장 나고 부서져 버린 삶이 되기 전에 시간을 조정해 보자. 순간순간 당신의 시간이 지나가고 있다. 시간을 죽이면서 살 것인가. 살리면서 삶을 주도할 것인가.

마치는 글

어떻게 아이를 키우는지 막상 부모가 되면 쉽지 않다. 처음 부모가 되었고, 아이에게 무엇을 해 주어야 하는지, 어떻게 해야 하는지 방향을 정하기 어렵다. 어른인 부모도 미완성이다. 인간은 계속 성장하는 존재이다. 그래서 완성이 있을 수가 없다. 인간 생애 전체를 100으로 보면 어린 시절은 4분의 1이나 5분의 1 정도밖에 안 된다. 전체 삶을 비교해 보면 짧지만, 인생 전반에 미치는 영향은 지대하다. 어린 시절 정서적인 부분이 남은 인생 대부분에 영향을 미치거나, 그때 정립된 가치관이 나머지 삶을 살아가는 근간이 되기도 한다. 아이 보호자인 부모는 자녀의 미래를 생각하며 고심한다. 물리적, 정신적 환경을 아이의 성장 속도에 맞게 마련해줘야 하는데, 막상 그 시기에는 잘 보이지 않아, 무엇이 답인지 알지 못한다. 아이에게 중요한 시기가 지나간 뒤, 도움 주지 못한 것을 후회하기도 한다. 아이의 펼쳐질 미래도 불확실하고 내 아이를 키우는 현재에도 확실한 것은 없다.

집에 가구 하나가 들어와도 장소를 넓히거나, 물건을 빼서 공간을 마련해야 하고 그에 따른 시간이 필요하다. 아이가 가족 구성원으로 들어오면 더 많은 공간과 시간을 빼고 그만큼 정성을 다해야 한다. 또 인생을 시작하는 아이의 성장 발달에 맞게 넓히고, 빼야 하는 공간과 시간이 요구된다. 여기서 물리적인 공간만 의미하는 것이 아니다. 보이지 않지만 지대한 영향을 미치는 부모의 역할은 아이와 어떻게 관계 맺음에 따라 아이 삶의 질이 달라진다. 정서적인 상호작용이 아이가 세상과 맺는 신뢰감 형성에 영향을 준다. 부모 역할은 성장하는 아이에게 맞게 빼고, 넣고, 곱하고, 나누는 과정이 필요하다. 부모가 하는 역할을 잘 확인하여 나누고 세분화시키고 재조정하는 과정에서 부모와 아이는 함께 성장한다.

어떤 부분은 더하고 곱하면서 어느 부분은 올리고, 내리고, 길게 늘여서, 끼워 맞추는 연계가 필요하다. 연속적인 경험이 창조를 더 하고 또 다른 정보가 창조를 촉발한다. 자신만의 거대한 작품을 만든다. 생각, 호기심, 지식, 지혜, 간접경험, 직접경험, 대화, 관계 등을 활용해 연결해 보자. 그렇게 연결하여 만든 것은 레고 작품처럼 거대한 마음속 자아가 어느 곳에서는 마음의 안정을, 어떤 부분에는 열정과 끈질김을 가져다준다.

얼룩말에 대하여 얼룩말이라고 '명칭'만 알려주면 다 알고 있다고 생각하기 쉽다. 단정 지어버리면 무엇을 알아가는 것에 도리어 걸림돌이 된다. 얼룩말의 성질이나 어디에 살고 있고, 무엇을 먹으며 습성은 어떤지를 확대해서 배워나가는 것이 배움의 자세이다. 우리는 얼룩말이란 이름만으로 배움을 성급하게 끝내고 있는 것은 아닐까? 넓고 깊게 파헤칠 수 있도록 기회를 주고 답을 찾아가게 만들어 보자. 배움의 주체는 부모가 될 수 없고, 되어서도 안 된다. 아이가 자기 삶의 주인공이 될 수 있도록 지켜봐 주고 조력해주자.

연별. 월별, 일별 사칙연산 하듯 넣고, 빼고, 곱하고, 나누면서 자신만의 공식을 만들어 가자. 오늘은 무엇을 더하고 무엇을 뺐으며, 어떤 것을 거듭하고, 마음을 나눴는지 뒤돌아보는 시간을 갖자. 오직 나만의 공식으로 아이와 감정의 교집합을 만들어 가보자. 완벽해지려고 자신을 괴롭히지 말자. 이 세상에 인간 삶의 완벽한 계산은 없다. 최선을 다해 더하고 곱할 뿐이다. 오늘을 충실히 살면 그만큼 보이는 것이 있을 것이다. 하루하루가 모여 일주일이 되고, 그 일주일이 모여 한해를 만들고, 그렇게 인간 삶 전체가 연결된다.

누구보다도 소중한 내 아이를 우리는 어떻게 키우고 있는지 현재 상태를 점검해보자. 점검이 또 다른 시작이다. 정답을 찾아가는 과정에서 내게 맞고 동시에 아이에게 맞는 것을 넣어보고 되풀이해보자. 아이에게 나눔의 의미를 알려주고 하지 말아야 할 것도 챙겨보자. 질문을 스스로 하고 생각해서 답해보자. 자극을 주고 정신적인 지지를 보태어 아이가 커나가는 토양을 마련해 주자. 심심함을 통해 배우는 것이 있음을 깨닫고, 책을 통해 세상을 보고, 감사일지를 통해 긍정적이며 적극적인 자아를 키우자. 부모는 진심과 사실을 보여주고, 이따금 치유의 시간을 보내며 아이의 감정을 충분히 읽어줄 수 있는 역량을 확보하자.

부모가 대신해 주는 것을 점차 줄여나가고, 잔소리를 멈추고 아이가 스스로 할 수 있게 밀어주자. 아이의 말을 귀담아듣고 행동을 관찰하자. 시기시 못할 약속을 줄이고, 부모의 심리적 안정을 위해 하는 사교육을 멈추자. 아이와 함께 하는 시간에는 전자매체는 멀리 두자. 호응을 거듭하여 동기유발을 주며, 자기 길 가면서 선택과 실패를 통해 문제해결 능력을 갖추도록 해주자. 스킨십과 긍정 대화를 하고 자연을 통해 많은 것을 배워보자. 자신이 가진 것을 나누고 감정을 분화시켜 즐거움을 가질 수 있다. 아이랑 함께 즐기는 교집합의 시간을 넓혀간다면 좋을 것 같다.

'코이' 물고기 이야기가 있다. 코이라는 물고기는 작은 어항 속에 있을 때는 5~8센티가량의 작은 물고기이지만 연못으로 가면 30센티미터 이상 큰다고 한다. 강가로 나가면 1m도 자란다고 한다. 자신이 사는 곳의 크기에 맞게 몸의 크기를 키운다. 환경이 아이에게 잘 맞으면 코이 물고기처럼 보이지 않는 정신적인 성장이 충분히 될 것이다. 사칙연산을 통해 아이에게 맞춤 육아로 부모도 아이도 함께 자라난다. 부모는 아이가 있는 그대로 충분히 발현되게 도와주어야 한다. 아이는 자라면서 부모가 푸르른 하늘, 바다 같이 많은 것을 품어 주었음에 감사해 할 것이다.